U0643332

配网不停电作业
工作手册

广东立胜电力技术有限公司　河南启功建设有限公司　组　编

马金超　刘国礼　主　编

张宏伟　袁国泰　陈德俊　副主编

中国电力出版社

CHINA ELECTRIC POWER PRESS

内 容 提 要

为实现安全生产"计划、队伍、人员、现场"全流程管控"有据可查、有章可循",为客户提供安全、规范、高效的不停电作业服务,本书依据国家电网公司和南方电网公司企业相关标准及规定,结合广东立胜电力技术有限公司、河南启功建设有限公司安全生产全流程管控的实践经验,以工作手册的形式编写而成。

本书共 5 章,主要内容包括作业前准备工作、现场准备工作、现场作业工作、作业后的终结工作、作业案例分析。

本书可作为配网不停电作业人员岗位培训和作业用书,还可供从事配网不停电作业的相关人员学习参考,还可作为职业技术培训院校师生在不停电作业方面的培训教材与学习参考资料。

图书在版编目(CIP)数据

配网不停电作业工作手册 / 广东立胜电力技术有限

公司,河南启功建设有限公司组编;马金超,刘国礼主

编;张宏伟,袁国泰,陈德俊副主编. -- 北京:中国

电力出版社,2025. 2. -- ISBN 978-7-5198-9586-0

Ⅰ. TM727-62

中国国家版本馆 CIP 数据核字第 20253JR357 号

出版发行:中国电力出版社
地   址:北京市东城区北京站西街 19 号(邮政编码 100005)
网   址:http://www.cepp.sgcc.com.cn
责任编辑:王　南(010-63412876)
责任校对:黄　蓓　郝军燕
装帧设计:张俊霞
责任印制:石　雷

印   刷:北京雁林吉兆印刷有限公司
版   次:2025 年 2 月第一版
印   次:2025 年 2 月北京第一次印刷
开   本:787 毫米×1092 毫米　16 开本
印   张:11.75
字   数:257 千字
定   价:60.00 元

版 权 专 有　侵 权 必 究
本书如有印装质量问题,我社营销中心负责退换

《配网不停电作业工作手册》

编委会

主　　编	马金超	刘国礼		
副 主 编	张宏伟	袁国泰	陈德俊	
参　　编	陈　勇	李志鹏	蔡京儒	戚玉玲	刘　博
	陈冠华	潘　伟	魏伟权	胡秋德	孔嘉辉
	黄宝林	周俊声	赖杨明	高俊岭	李业增
	董华军	张志谦	杨川有	于振川	牛恩超
	胡根土	朱兆鑫	陈　涛	石卓成	贵　韬
	张凤歧	王志涛	孟春旅	陈焕财	王乾纲
	陈　浪				

前　言

人民电业为人民，以客户为中心，全面提升"获得电力"服务水平，不停电作业是提高供电可靠性的重要手段，从事不停电作业工作的人员，接受岗前认证培训，先取证、后上岗是开展不停电作业工作的第一步；尊重人的生命、安全作业有保障是开展不停电作业工作的第一位。安全生产必须警钟长鸣、时刻牢记：生命安全是不可逾越的红线、安全法律是必须坚守的底线，安全生产红线底线意识不放松，遵章守纪规范作业不放松。为此，为实现安全生产"计划、队伍、人员、现场"全流程管控"有据可查、有章可循"，为客户提供安全、规范、高效的不停电作业服务，本书依据国家电网公司和南方电网公司企业相关标准及规定，结合广东立胜电力技术有限公司、河南启功建设有限公司安全生产全流程管控的实践经验，以工作手册的形式编写而成。

本书共 5 章，主要内容包括作业前准备工作、现场准备工作、现场作业工作、作业后的终结工作、作业案例分析。

本书由广东立胜电力技术有限公司和河南启功建设有限公司组织编写，广东立胜电力技术有限公司马金超、刘国礼主编，河南启功建设有限公司张宏伟、广东立胜电力技术有限公司袁国泰、（原）郑州电力高等专科学校（国网河南技培中心）陈德俊副主编。参编人员有：广东立胜电力技术有限公司陈勇、李志鹏、蔡京儒、戚玉玲、刘博、陈冠华、潘伟、魏伟权、胡秋德、孔嘉辉、黄宝林、周俊声、赖杨明，郑州电力高等专科学校（国网河南技培中心）高俊岭，河南启功建设有限公司李业增、董华军、张志谦、杨川有、于振川、牛恩超、胡根土、朱兆鑫，内蒙古电力（集团）有限公司陈涛、石卓成、贵韬、张凤歧、王志涛，海南电网有限责任公司孟春旅、陈焕财、王乾纲、陈浪。全书插图由陈德俊主持开发，河南宏驰电力技术有限公司提供不停电作业工具装备支持，广东立胜电力技术有限公司和河南启功建设有限公司提供不停电作业技术应用支持。

由于编者水平有限，书中难免存在不足之处，恳请读者提出批评指正。

编　者

2024 年 11 月

目 录

前言

第一章 作业前准备工作 ……………………………………… 1

　　第一节 接受任务 …………………………………………… 1

　　第二节 现场勘察 …………………………………………… 2

　　第三节 编写作业指导书（卡）…………………………… 6

　　第四节 填写工作票 ………………………………………… 17

　　第五节 填写安全交底卡 …………………………………… 27

　　第六节 召开班前会 ………………………………………… 28

　　第七节 领用工器具 ………………………………………… 36

　　第八节 召开出车会 ………………………………………… 39

第二章 现场准备工作 ………………………………………… 42

　　第一节 现场复勘 …………………………………………… 42

　　第二节 围挡设置 …………………………………………… 43

　　第三节 工作许可 …………………………………………… 44

　　第四节 召开站班会 ………………………………………… 45

　　第五节 摆放工器具 ………………………………………… 46

　　第六节 检查工器具 ………………………………………… 47

　　第七节 杆上工作准备 ……………………………………… 51

第三章 现场作业工作 ………………………………………… 52

　　第一节 进入作业区域 ……………………………………… 52

　　第二节 遵照作业指导书（卡）操作 ……………………… 53

第四章 作业后的终结工作 …………………………………… 61

　　第一节 清理现场 …………………………………………… 61

　　第二节 召开收工会 ………………………………………… 61

　　第三节 工作终结 …………………………………………… 62

第五章　作业案例分析 ··· 63

　第一节　引线类项目 ··· 63

　第二节　元件类项目 ··· 80

　第三节　电杆类项目 ··· **91**

　第四节　设备类项目 ··· 104

　第五节　消缺类项目 ··· 130

　第六节　旁路类项目 ··· 145

　第七节　取电类项目 ··· 166

参考文献 ··· 180

第一章 作业前准备工作

标准化作业作为一种现代化安全生产管理的科学实用方法，包含按照相关的技术"标准"来落实，按照相关的"安全"作业规程来开展，按照科学的作业"流程"来实施。推广现场标准化作业工作，应以加强现场作业关键环节、关键点的安全风险管控为主，切实落实"五知晓，五到位"（工作内容知晓、工作范围知晓、安全措施知晓、工作步骤知晓、危险点控制知晓；现场摸底到位、安全措施到位、事故预想到位、工作监护到位、人员落实到位）原则，确保现场作业工作安全、规范、有序地开展，包括作业前的准备工作、现场准备工作、现场作业工作和作业后的终结工作。其中，作业前的准备工作包括：工作开始、接受任务、现场勘察、填写《现场勘察记录》、判断是否具备作业条件（"否"则办理停电作业，"是"则办理带电作业工作）、编写《作业指导书（卡）》、填写《工作票》、召开班前会、领用工器具、召开出车会、工作结束，其工作流程如图1-1所示。

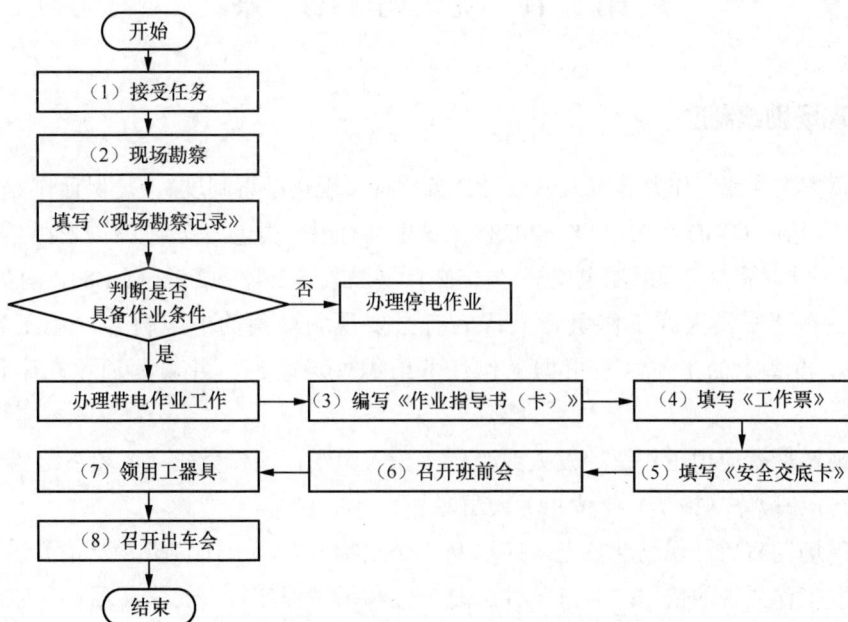

图 1-1 作业前的准备工作流程图

第一节 接 受 任 务

接受任务即接受周（日）工作计划。一般来说工作计划采用 Excel 表制作并发布，主要内容应包括：工作地点、工作内容、计划工作时间、工作负责人、施工单位或班组、风险等级、编制作业指导书（卡）或施工方案、到岗到位人员、安全督查人员、作业计划编号或勘察编号等。

这里需要强调说明的是：为了保证作业计划的顺利执行与落实，作业计划必须纳入"安全生产风险管控平台"统一口径管理，严格按照"四个管住"的要求，进行日常的计划、抢修等作业。目前国家电网有限公司提出的"四个管住"是指：

（1）管住计划（作业风险管控的源头），主要包括：周、日计划管理、作业准备、风险预控、风险公示等；

（2）管住队伍（保障现场作业安全的基础），主要包括：队伍准入、动态评价、考核退出等；

（3）管住人员（作业风险管控措施落实的关键），主要包括：人员准入、安全培训、动态管控、考核奖惩等；

（4）管住现场（风险管控和安全措施落实的核心），主要包括：作业管控、到岗到位、现场督查等。

第二节　现　场　勘　察

一、现场勘察制度

工作负责人（或工作票签发人）接受任务履行《现场勘察制度》，是保证作业安全的组织措施之一。按照 Q/GDW 10799.8—2023《国家电网有限公司电力安全工作规程　第 8 部分：配电部分》（以下简称《国网配电安规》）（5.2.1、5.2.2、5.2.4、5.2.5、11.1.8），有如下规定：

（1）工作票签发人或工作负责人认为有必要现场勘察的配电检修（施工）作业和用户工程、设备上的工作，应根据工作任务组织现场勘察，并填写现场勘察记录（见附录 A）。

（2）现场勘察应由工作票签发人或工作负责人组织，工作负责人、设备运维管理单位（用户单位）和检修（施工）单位相关人员参加。

（3）现场勘察后，现场勘察记录应送交工作票签发人、工作负责人及相关各方，作为填写、签发工作票等的依据。对危险性、复杂性和困难程度较大的作业项目，应制订有针对性的施工方案。

（4）开工前，工作负责人或工作票签发人应重新核对现场勘察情况，发现与原勘察情况有变化时，应修正、完善相应的安全措施。

（5）带电作业项目，应勘察配电线路是否符合带电作业条件、同杆（塔）架设线路及其方位和电气间距、作业现场条件和环境及其他影响作业的危险点，并根据勘察结果确定带电作业方法、所需工具以及应采取的措施。

二、现场勘察记录格式

《现场勘察记录》的填写格式：《国网配电安规》（附录 A）规定的格式如下。

现场勘察记录（格式）

勘察单位：＿＿＿＿＿＿＿＿＿＿　部门（或班组）：＿＿＿＿＿＿　编号：＿＿＿＿＿＿

1. 勘察负责人：＿＿＿＿＿＿＿＿勘察人员：＿＿＿＿＿＿＿＿＿＿＿＿＿＿＿＿＿

＿＿＿＿＿＿＿＿＿＿＿＿＿＿＿＿＿＿＿＿＿＿＿＿＿＿＿＿＿＿＿＿＿＿＿＿＿＿＿

2. 勘察的线路名称或设备双重名称（多回应注明双重称号及方位）：＿＿＿＿＿＿＿＿＿＿＿

3. 工作任务[工作地点（地段）以及工作内容]：＿＿＿＿＿＿＿＿＿＿＿＿＿＿＿＿＿＿＿

＿＿＿＿＿＿＿＿＿＿＿＿＿＿＿＿＿＿＿＿＿＿＿＿＿＿＿＿＿＿＿＿＿＿＿＿＿＿＿

4. 现场勘察内容：

1. 工作地点需要停电的范围
2. 保留的带电部位
3. 作业现场的条件、环境及其他危险点。应注明：交叉、邻近（同杆塔、并行）电力线路；多电源、自发电情况，有可能反送电的设备和分支线；地下管网沟道及其他影响施工作业的设施情况
4. 应采取的安全措施（防触电应注明接地线、绝缘隔板、遮栏、围栏、标示牌等装设位置，防高坠、窒息、物体打击等也应注明采取的安全措施）
5. 附图与说明：

记录人：＿＿＿＿＿＿＿　　　　勘察日期：＿＿＿＿年＿＿月＿＿日＿＿时

三、现场勘察记录要求

《配电现场作业风险管控实施细则（试行）》（国家电网设备〔2022〕89 号附件 5）对"现场勘察记录"有如下要求：

（1）现场勘察完成后，应采用文字、图片或影像相结合的方式规范填写勘察记录，明确作业方式、危险点及预控措施等关键要素，并由所有参与现场勘察人员签字确认，作为检修方案编制的重要依据。

（2）Ⅱ级风险作业项目勘察记录应一式三份，分别由县级以上公司运维管理部门、项目管理单位及项目实施单位留存归档。

（3）Ⅲ级风险作业项目勘察记录应一式二份，分别由县级以上公司项目管理单位及项目实施单位留存归档。

（4）Ⅳ级、Ⅴ级风险作业项目勘察记录由项目实施单位留存归档。

（5）带电作业现场勘察后应执行"三张照片"要求，即勘察人员应留存带电作业现场点位远景照、点位近景照、作业部位照的影像资料。

四、现场勘察记录填写

勘察单位：_____部门（班组）：_____编号：_____

勘察单位：指工作负责人所在的部门或单位，例如：配电运检中心。外来单位应填写单位全称。

部门（或班组）：指参加勘察的班组。多班组参加，应填写全部参加班组。

编号：编号应连续且唯一，不得重号。编号共由4部分组成，含勘察单位特指字、年、月和顺序号。

勘察负责人：_____勘察人员：_____勘察的作业风险等级_____
设备运维人员：_____

勘察负责人：指组织该项勘察工作的负责人。Ⅰ级、Ⅱ级检修现场勘察由地市级单位设备管理部门组织开展，Ⅲ级检修现场勘察由县公司级单位组织开展，Ⅳ级、Ⅴ级检修由工作负责人或工作票签发人组织开展。

勘察人员：应逐个填写参加勘察的人员姓名。结合作业需求和作业条件生产现场实际情况组织相关人员参加，临近带电设备的起重作业，应由具有起重指挥或起重操作资质人员参加，省电科院、设备厂家、设计单位（如有）、监理单位（如有）相关人员必要时参加。

勘察的作业风险等级：填写本次勘察时的作业风险等级。

设备运维人员：指勘察设备的运维人员，涉及多个运维单位，应逐个填写。

勘察的线路名称或设备双重名称（多回应注明双重称号及方位）：_____
工作任务[工作地点（地段）以及工作内容]：_____
_____

勘察的线路名称或设备的双重名称（多回应注明双重称号及方位）：填写线路全称，设备双重名称。

工作任务[工作地点（地段）和工作内容]：填写勘察地点及对应的工作内容。

现场勘察内容：
1．工作地点需要停电的范围
2．保留的带电部位
3．作业现场的条件、环境及其他危险点 危险点应注明：交叉、邻近（同杆塔、并行）电力线路；多电源、自发电情况，有可能反送电的设备和分支线；地下管网沟道及其他影响施工作业的设施情况
4．应采取的安全措施（防触电应注明接地线、绝缘隔板、遮栏、围栏、标示牌等装设位置，防高坠、窒息、物体打击等也应注明采取的安全措施）
5．附图与说明

记录人：＿＿＿＿＿＿　　　　勘察日期：＿＿＿＿＿年＿＿＿月＿＿＿日＿＿＿时

现场勘察内容：由记录人根据勘察内容进行填写。现场勘察时，应仔细核对检修设备台账，核查设备运行状况及存在缺陷，梳理技改大修、隐患治理等任务要求，分析现场作业风险及预控措施，并对作业风险分级的准确性进行复核。涉及特种车辆作业时，还应明确车辆行驶路线、作业位置、作业边界等内容。

（1）工作地点需要停电的范围：根据工作任务，填写需要停电的设备。

（2）保留的带电部位：填写工作区域内存在的带电部位。

（3）作业现场条件、环境及其他危险点：填写交叉、邻近（同杆塔、并行）电力线路；多电源、自发电情况，有可能反送电的设备和分支线；地下管网沟道及其他影响施工作业等风险因素。

（4）应采取的安全措施：填写根据上述工作地点保留带电部位、作业现场的条件、环境及其他危险点，采取的针对性安全措施；根据确定的作业风险等级，采取的管控措施等。

（5）附图与说明：根据实际情况填写文字、简图以及图片说明等。

记录人及勘察日期：完成现场勘察后，由记录人填写姓名并填写勘察时间。

注：关于"附图与说明"推荐如下：

5. 附图与说明：

（1）现场勘察简图（注：手绘"道路、建筑物、作业范围"等，标注"出线变名称、线路名称、杆号"等）。

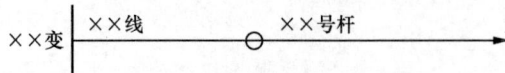

××变 ————— ××线 ——————○—————— ××号杆 ————————→

勘察简图示例

（2）现场勘察（三张）照片（点位近景"杆号牌"、作业部位"杆上情况"、点位远景"道路情况"）。

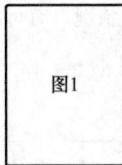

图1	图2	图3

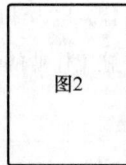

"点位近景照（杆号牌）"   "作业部位照（杆上情况）"   "点位远景照（道路情况）"

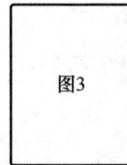

（3）现场勘察意见（推荐增加的内容）。

1）现场作业条件：具备/不具备。

2）作业方法选择：绝缘手套作业法/绝缘杆作业法/综合不停电作业法。

3）风险等级：四级/编写作业指导卡，三级/编写作业指导书（施工方案或三措一案）。

4）通道清理：有/无。

5）道路封路：封路/不封路。

（4）现场核对原现场勘察情况（推荐增加的内容）

1）无变化：安全措施不变。

2）有变化：修正和补充的安全措施 _____

第三节　编写作业指导书（卡）

作业指导书（卡）是对作业全过程控制指导的约束性文件，明确具体操作方法、步骤、危险点预控措施、标准和人员责任等，依据工作流程组合成的执行文件。工作负责人（或工作票签发人）依据勘察结果编写"现场作业指导书（卡）"并履行相关审批手续，是保证"作业有程序、安全有措施、质量有标准、考核有依据"重要措施，现场作业也必须以"工作票（操作票）、安全交底会（班前会、站班会、班后会）、作业指导书（卡）"为依据指导其作业全过程。依据国家电网有限公司《配电现场作业风险管控实施细则（试行）》中的规定：Ⅲ级风险的项目使用《作业指导书（施工方案或三措一案）》，Ⅳ级风险的项目使用《作业指导卡》。

现场作业必须严格遵照执行作业指导书（卡）而规范作业，作业前必须并履行相关审批手续，执行的作业指导书（卡）应保存一年。

一、 作业指导卡

结合生产实际，10kV 配网不停电作业推荐用"作业指导卡"格式如下所示（供参考）。

_____（项目名称）

作业指导卡

单位		编号	
编写		审核	
批准		作业时间	
作业内容			
工作负责人		作业班组	
工作班成员			共___人

1. 工器具配备

1.1 特种车辆

序号	名称	规格型号	单位	数量	备注

1.2 个人绝缘防护用具

序号	名称	规格型号	单位	数量	备注

1.3 绝缘遮蔽用具

序号	名称	规格型号	单位	数量	备注

1.4 绝缘工具

序号	名称	规格型号	单位	数量	备注

1.5 金属工具

序号	名称	规格型号	单位	数量	备注

1.6 旁路设备

序号	名称	规格型号	单位	数量	备注

1.7 仪器仪表

序号	名称	规格型号	单位	数量	备注

1.8 其他工具

序号	名称	规格型号	单位	数量	备注

1.9 设备材料

序号	名称	规格型号	单位	数量	备注

2. 作业流程

2.1 作业前的准备

序号	步骤	内容及注意事项	√

2.2 现场准备

序号	步骤	内容及注意事项	√

2.3 现场作业

序号	步骤	内容及注意事项	√

2.4 作业后的终结

序号	步骤	内容及注意事项	√

二、 作业指导书

结合生产实际，10kV 配网不停电作业推荐用"作业指导书"格式如下所示（供参考）。

【封面】

编号：_____

_____（项目名称）

作业指导书

编写：_____ _____年___月___日

审核：_____ _____年___月___日

批准：_____ _____年___月___日

作业负责人：

作业时间：_____年___月___日___时___分至_____年___月___日___时___分

×××（单位名称）

【内文】

1. 适用范围

本指导书适用于……。

2. 引用文件

GB/T 18857—2019 《配电线路带电作业技术导则》

Q/GDW 10520—2016《10kV 配网不停电作业规范》

9

Q/GDW 10799.8—2023《国家电网有限公司电力安全工作规程 第 8 部分：配电部分》

《配电现场作业风险管控实施细则（试行）》（国家电网设备〔2022〕89 号附件 5）

......

3．人员配置

序号	责任人	分工	人数
1	工作负责人（监护人）		
2	专责监护人		
3	斗内电工		
4	地面电工		
5	......		

4．工器具配置

4.1　特种车辆

序号	名称	规格型号	单位	数量	备注

4.2　个人绝缘防护用具

序号	名称	规格型号	单位	数量	备注

4.3　绝缘遮蔽用具

序号	名称	规格型号	单位	数量	备注

4.4　绝缘工具

序号	名称	规格型号	单位	数量	备注

4.5　金属工具

序号	名称	规格型号	单位	数量	备注

4.6 旁路设备

序号	名称	规格型号	单位	数量	备注

4.7 仪器仪表

序号	名称	规格型号	单位	数量	备注

4.8 其他工具

序号	名称	规格型号	单位	数量	备注

4.9 设备材料

序号	名称	规格型号	单位	数量	备注

5．作业流程

5.1 作业前的准备

序号	步骤	内容及注意事项	√

5.2 现场准备

序号	步骤	内容及注意事项	√

5.3 现场作业

序号	步骤	内容及注意事项	√

5.4 作业后终结

序号	步骤	内容及注意事项	√

6. 验收总结

序号	作业总结	
1	验收评价	按指导书要求完成工作
2	存在问题及处理意见	无

7. 指导书执行情况签字栏

作业地点：	日期：
工作班组：	工作负责人（签字）：
班组成员（签字）：	

8. 附录

三、 施工方案（三措一案）

结合生产实际，10kV 配网不停电作业推荐用"施工方案（三措一案）"格式如下所示（供参考）。

【封面】

编号：_____

_____（项目名称）
施工方案（三措一案）

编写：_____ 日期：_____
审核：_____ 日期：_____
审批：_____ 日期：_____

运行单位：_____
工程名称：_____
施工单位：_____
_____年___月___日

【内文】

1．工程概况

1.1 编制依据

1.1.1 现场勘察记录

1.1.2 引用文件

GB/T 18857—2019 《配电线路带电作业技术导则》

Q/GDW 10520—2016《10kV 配网不停电作业规范》

Q/GDW 10799.8—2023《国家电网有限公司电力安全工作规程 第 8 部分：配电部分》

《配电现场作业风险管控实施细则（试行）》（国家电网设备〔2022〕89 号附件 5）

1.2 作业地点

依据《现场勘察记录》，本方案适用于图 1 所示的_____变_____线_____号杆。

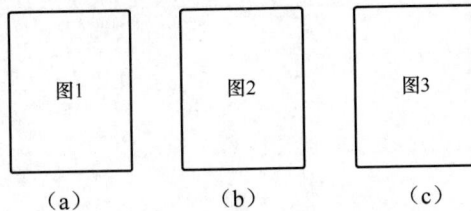

图 1 现场勘察（三张）照片图

（a）点位近景照"杆号牌"；（b）作业部位照"杆上情况"；（c）点位远景照"道路情况"

1.3 作业任务

依据《现场勘察记录》、Q/GDW 10520—2016《10kV 配网不停电作业规范》，本方案采用_____（作业方法）完成_____（作业内容）工作，现场布置如图 2 所示的现场勘察简图。

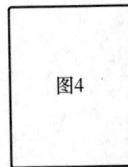

图 2 现场勘察简图

1.4 风险等级

依据国家电网设备〔2022〕89 号附件 5《配电现场作业风险管控实施细则（试行）》，本次作业风险等级为_____（Ⅲ级或Ⅳ级），编写施工方案（作业指导书）严格遵照执行，施工现场到岗到位人员落实落地。

1.5 计划作业时间

_____年___月___日___时___分至_____年___月___日___时___分。

......

3. 组织措施

3.3 工作制度

3.3.1 ……

……

4. 技术措施

4.1 停用重合闸

4.1.1 ……

……

4.2 个人防护

4.2.1 ……

……

4.3 现场检测

4.3.1 ……

……

4.4 验电检流

4.3.1 ……

……

4.5 安全距离

4.5.1 ……

……

4.5 绝缘遮蔽

4.5.1 ……

……

5. 安全措施

5.1 危险点预控措施

5.1.1 ……

……

5.2 安全措施注意事项

5.2.1 ……

……

7. 施工方案

7.1 人员配置

序号	责任人	分工	人数
1	工作负责人（监护人）		
2	专责监护人		

续表

序号	责任人	分工	人数
3	斗内电工		
4	地面电工		
5	……		

7.2　工器具配置

7.2.1　特种车辆

序号	名称	规格型号	单位	数量	备注

7.2.2　个人绝缘防护用具

序号	名称	规格型号	单位	数量	备注

7.2.3　绝缘遮蔽用具

序号	名称	规格型号	单位	数量	备注

7.2.4　绝缘工具

序号	名称	规格型号	单位	数量	备注

7.2.5　金属工具

序号	名称	规格型号	单位	数量	备注

7.2.6　旁路设备

序号	名称	规格型号	单位	数量	备注

7.2.7 仪器仪表

序号	名称	规格型号	单位	数量	备注

7.2.8 其他工具

序号	名称	规格型号	单位	数量	备注

7.2.9 设备材料

序号	名称	规格型号	单位	数量	备注

7.3 作业流程

7.3.1 作业前的准备

序号	步骤	内容及注意事项	√

7.3.2 现场准备

序号	步骤	内容及注意事项	√

7.3.3 现场作业

序号	步骤	内容及注意事项	√

7.3.4 作业后的终结

序号	步骤	内容及注意事项	√

8. 文明施工

8.1 ……

8.1.1 ……

……

9. 应急预案（推荐）

9.1 ……

9.1.1 ……

……

第四节 填 写 工 作 票

一、工作票制度

工作负责人（或工作票签发人）履行《工作票制度》，是保证带电作业安全的组织措施之一。"工作票"是指批准在电气设备上进行工作的凭证。填写和签发工作票，是保证工作任务完成，保证人身和设备安全防止事故发生的组织措施的基础和核心，禁止无票作业。根据《国网配电安规》5.3.2、5.3.4、5.3.8.1、5.3.8.7、5.3.9.7、5.3.9.19 条，规定如下内容：

（1）需要将高压线路、设备停电或做安全措施者，填用配电第一种工作票。

（2）高压配电带电作业，填用配电带电作业工作票。

（3）工作票由工作负责人或工作票签发人填写。

（4）承、发包工程，如工作票实行"双签发"，签发工作票时，双方工作票签发人在工作票上分别签名，各自承担相应的安全责任。

（5）工作许可时，工作票一份由工作负责人收执，其余留存于工作票签发人或工作许可人处。工作期间，工作负责人应始终持有工作票。

（6）已终结的工作票（含工作任务单）、故障紧急抢修单、现场勘察记录至少应保存 1 年。

工作票中办理停用重合闸，是保证作业安全的技术措施之一。按照《国网配电安规》11.2.6 的规定：带电作业有下列情况之一者，应停用重合闸，并不得强送电。

（1）中性点有效接地的系统中有可能引起单相接地的作业。

（2）中性点非有效接地的系统中有可能引起相间短路的作业。

（4）工作票签发人或工作负责人认为需要停用重合闸的作业。不应约时停用或恢复重合闸。

二、工作票格式

1.《配电带电作业工作票》格式

依据《国网配电安规》（附录 D）的规定，10kV 配网不停电作业用《配电带电作业工作票》格式如下。

配电带电作业工作票（格式）

单位：＿＿＿＿＿＿＿＿＿＿＿＿　　　　　编号：＿＿＿＿＿＿＿＿＿＿＿

1. 工作负责人：＿＿＿＿＿＿＿＿　　　　班组：＿＿＿＿＿＿＿＿＿＿＿

2. 工作班成员（不包括工作负责人）：＿＿＿＿＿＿＿＿＿＿＿＿＿＿＿

＿＿＿＿＿＿＿＿＿＿＿＿＿＿＿＿＿＿＿＿＿＿＿＿＿＿＿＿＿＿＿＿＿

共＿＿人。

3. 工作任务：

工作线路名称或设备双重名称	工作地段、范围	工作内容及人员分工	监护人

4. 计划工作时间：自＿＿＿＿＿年＿＿＿月＿＿＿日＿＿＿时＿＿＿分

至＿＿＿＿＿年＿＿＿月＿＿＿日＿＿＿时＿＿＿分

5. 安全措施：

5.1 调控或运维人员应采取的安全措施：

线路名称或设备双重名称	是否需要停用重合闸	作业点负荷侧需要停电的线路、设备	应装设的安全遮栏（围栏）和悬挂的标志牌

5.2 其他危险点预控措施和注意事项：

＿＿＿＿＿＿＿＿＿＿＿＿＿＿＿＿＿＿＿＿＿＿＿＿＿＿＿＿＿＿＿＿＿

＿＿＿＿＿＿＿＿＿＿＿＿＿＿＿＿＿＿＿＿＿＿＿＿＿＿＿＿＿＿＿＿＿

＿＿＿＿＿＿＿＿＿＿＿＿＿＿＿＿＿＿＿＿＿＿＿＿＿＿＿＿＿＿＿＿＿

＿＿＿＿＿＿＿＿＿＿＿＿＿＿＿＿＿＿＿＿＿＿＿＿＿＿＿＿＿＿＿＿＿

＿＿＿＿＿＿＿＿＿＿＿＿＿＿＿＿＿＿＿＿＿＿＿＿＿＿＿＿＿＿＿＿＿

＿＿＿＿＿＿＿＿＿＿＿＿＿＿＿＿＿＿＿＿＿＿＿＿＿＿＿＿＿＿＿＿＿

_____

_____

_____

工作票签发人签名：_____　　　　　_____年___月___日___时___分

工作负责人签名：_____　　　　　_____年___月___日___时___分

6．工作许可：

许可的线路、设备	许可方式	工作许可人	工作负责人签名	工作许可时间

7．现场补充的安全措施：

_____

_____

8．现场交底：工作班成员确认工作负责人布置的工作任务、人员分工、安全措施和注意事项并签名：

_____

_____

9．_____年___月___日___时___分工作负责人下令开始工作。

10．工作票延期：有效期延长到_____年___月___日___时___分。

工作负责人签名：_____年___月___日___时___分

工作许可人签名：_____年___月___日___时___分

11．工作终结：

11.1　工作班人员已全部撤离现场，工具、材料已清理完毕，杆塔、设备上已无遗留物。

11.2　工作终结报告：

终结的线路、设备	报告方式	工作许可人	工作负责人签名	终结报告时间
				年　月　日　时　分
				年　月　日　时　分

12．备注：

作业计划编号：_____

其他需要说明的事项：_____

2．《配电第一种工作票》格式

依据《国网配电安规》（附录 B）的规定，10kV 配网不停电作业用《配电第一种工作票》格式如下所示。

配电第一种工作票

单位：_____　　　　　　　　　　　　　　　　编号：_____

1	工作负责人：_____　　　　　　　　　　班组：_____
2	工作班成员（不包括工作负责人）：_____ _____ 共_____人
3	停电线路名称（多回线路应注明双重称号）：_____ _____

4	工作任务	
	工作地点（地段）或设备[注明变（配）电站、线路名称、设备双重名称及线路起止杆号等]	工作内容

5	计划工作时间：自 _____年_____月_____日_____时_____分 　　　　　　　　至 _____年_____月_____日_____时_____分

6	安全措施（应改为检修状态的线路、设备名称，应断开的断路器/开关，隔离开关/刀闸，熔断器，应合上的接地刀闸，应装设的接地线、绝缘挡板、遮栏/围栏、标示牌等，装设的接地线应明确具体位置，必要时可附页绘图说明）

6.1 调控或运维人员[变（配）电站等]应采取的安全措施

（1）应断开的设备名称

变（配）电站或线路、设备名称等	应断开的断路器、隔离开关、熔断器 （注明设备双重名称）	执行人

（2）应合接地刀闸、应装操作接地线、应装设绝缘挡板

接地刀闸，接地线、绝缘挡板装设地点	接地线（绝缘挡板）编号	执行人	接地刀闸,接地线、绝缘挡板装设地点	接地线（绝缘挡板）编号	执行人

（3）应设遮栏，应挂标示牌	执行人

	6.2 工作班完成的安全措施						已执行
	6.3 工作班装设（或拆除）的工作接地线						
	线路名称或设备双重名称和装设位置	接地线编号	装设人	装设时间	拆除人	拆除时间	
				年 月 日 时 分		年 月 日 时 分	
				年 月 日 时 分		年 月 日 时 分	
				年 月 日 时 分		年 月 日 时 分	
6	6.4 配合停电线路应采取的安全措施						执行人
	6.5 保留或邻近的带电线路、设备						
	6.6 其他安全措施和注意事项：						
	工作票签发人签名：＿＿＿＿＿ ＿＿＿年＿＿月＿＿日＿＿时＿＿分						
	工作票签发人签名：＿＿＿＿＿ ＿＿＿年＿＿月＿＿日＿＿时＿＿分						
	工作负责人签名：＿＿＿＿＿ ＿＿＿年＿＿月＿＿日＿＿时＿＿分						
	6.7 其他安全措施和注意事项补充（由工作负责人或工作许可人填写）						
7	收到工作票时间：＿＿＿年＿＿＿月＿＿＿日＿＿时＿＿分 调控（运维）人员签名：＿＿＿＿＿						
8	工作许可：						
		许可内容	许可方式	工作许可人	工作负责人签名	许可工作的时间	
						年 月 日 时 分	
						年 月 日 时 分	
						年 月 日 时 分	

续表

9	指定专责监护人： （1）指定专责监护人＿＿＿＿＿＿＿负责监护＿＿＿＿＿＿＿＿＿＿ ＿＿＿＿＿＿＿＿＿＿＿＿＿＿＿＿＿＿＿＿＿＿＿（地点及具体工作） （2）指定专责监护人＿＿＿＿＿＿＿负责监护＿＿＿＿＿＿＿＿＿＿ ＿＿＿＿＿＿＿＿＿＿＿＿＿＿＿＿＿＿＿＿＿＿＿（地点及具体工作） （3）指定专责监护人＿＿＿＿＿＿＿负责监护＿＿＿＿＿＿＿＿＿＿ ＿＿＿＿＿＿＿＿＿＿＿＿＿＿＿＿＿＿＿＿＿＿＿（地点及具体工作） 现场交底，工作班成员确认工作负责人布置的工作任务、人员分工、安全措施和注意事项并签名： ＿＿＿＿＿＿＿＿＿＿＿＿＿＿＿＿＿＿＿＿＿＿＿＿＿＿＿＿
10	开始工作时间： ＿＿年＿＿月＿＿日＿＿时＿＿分工作负责人确认工作票所列当前工作所需的安全措施全部执行完毕，下令开始工作。

	工作任务单登记：				
11	工作任务单编号	工作任务	小组负责人	工作许可时间	工作结束报告时间
				年 月 日 时 分	年 月 日 时 分
				年 月 日 时 分	年 月 日 时 分
				年 月 日 时 分	年 月 日 时 分

	人员变更：						
12	12.1 工作负责人变动情况：原工作负责人＿＿＿＿＿离去，变更＿＿＿＿＿为工作负责人 工作票签发人签名＿＿＿＿＿＿ ＿＿＿年＿＿月＿＿日＿＿时＿＿分 原工作负责人签名确认：＿＿＿＿＿＿ 新工作负责人签名确认：＿＿＿＿＿＿ ＿＿＿年＿＿月＿＿日＿＿时＿＿分						
	12.2 工作人员变动情况						
	新增人员	姓 名					
		变更时间					
		工作负责人签名					
	离开人员	姓名					
		变更时间					
		工作负责人签名					

13	工作票延期：有效期延长到＿＿＿＿年＿＿月＿＿日＿＿时＿＿分 工作负责人签名＿＿＿＿＿ ＿＿年＿＿月＿＿日＿＿时＿＿分 工作许可人签名＿＿＿＿＿ ＿＿年＿＿月＿＿日＿＿时＿＿分

续表

14	每日开工和收工记录（使用一天的工作票不必填写）					
	收工时间	工作许可人	工作负责人	开工时间	工作许可人	工作负责人

15 工作终结：

15.1　工作班现场所装设接地线共_____组、个人保安线共_____组已全部拆除，工作班布置的其他安全措施已恢复，工作班成员已全部撤离现场，材料工具已清理完毕，杆塔、设备上已无遗留物。

15.2　工作终结报告：

终结内容	报告方式	工作负责人	工作许可人	终结报告时间
				年　月　日　时　分
				年　月　日　时　分
				年　月　日　时　分

16	备注： 作业计划编号：
17	现场施工简图：

三、工作票填写

《配电带电作业工作票》填写及说明如下。

单位：_____　　　编号：_____

单位：指工作负责人所在的部门或单位名称，例如：配电运检中心等；外来施工单位应填写单位全称。

编号：工作票编号应连续且唯一，由许可单位按顺序编号，不得重号。编号共由4部分组成，应包含特指字（配调班、供电所、专业班组等简称）、年、月和顺序号。年使用四位数字，月使用两位数字，顺序号使用三位数字。

作业计划编号：指安全风险管控监督平台作业计划编号，填写在工作票备注栏。

1. 工作负责人：_____　　班组：_____

工作负责人：指该项工作的负责人。班组：指参与工作的班组，若多班组工作，应填写全部工作班组。

2．工作班成员（不包括工作负责人）：＿＿＿＿＿＿＿＿＿＿＿＿＿＿＿＿＿＿＿＿

＿＿＿＿＿＿＿＿＿＿＿＿＿＿＿＿＿＿＿＿＿＿＿＿＿＿＿＿＿＿＿共＿＿＿人。

工作班成员（不包括工作负责人）：应逐个填写参加工作的人员姓名，共＿＿＿＿人。

3．工作任务：

工作线路名称或设备双重名称	工作地段、范围	工作内容及人员分工	监护人

工作任务：

（1）线路名称或设备双重名称：填写线路、设备的电压等级和双重名称。

（2）工作地段或范围：填写工作线路（包括有工作的分支线、T 接线路等）或设备工作地点地段、起止杆号，起至杆号应与设备实际编号对应。

（3）工作内容及人员分工：工作内容应清晰准确，不得使用模糊词语。人员分工应注明。

（4）监护人：填写指定的监护人姓名。

4．计划工作时间：自＿＿＿＿＿＿年＿＿＿＿月＿＿＿日＿＿＿时＿＿＿＿分

至＿＿＿＿＿＿年＿＿＿＿月＿＿＿日＿＿＿时＿＿＿分

计划工作时间：填写已批准的检修期限，时间应使用阿拉伯数字填写，包含年（四位）、月、日、时、分（均为双位，24 小时制）。

5．安全措施：

5.1　调控或运维人员应采取的安全措施：

线路名称或设备双重名称	是否需要停用重合闸	作业点负荷侧需要停电的线路、设备	应装设的安全遮栏（围栏）和悬挂的标志牌

调控或运维人员应采取的安全措施如下：

（1）是否需要停用重合闸：填"是"或"否"。

（2）作业点负荷侧需要停电的线路、设备：填写线路名称或设备双重名称（多回线路应注明双重称号及方位），没有则填"无"。

（3）应装设的安全遮栏（围栏）和悬挂的标示牌：分类填写遮栏、标示牌及所设的位置。

5.2　其他危险点预控措施和注意事项：

＿＿＿＿＿＿＿＿＿＿＿＿＿＿＿＿＿＿＿＿＿＿＿＿＿＿＿＿＿＿＿＿＿＿＿＿＿＿

＿＿＿＿＿＿＿＿＿＿＿＿＿＿＿＿＿＿＿＿＿＿＿＿＿＿＿＿＿＿＿＿＿＿＿＿＿＿

工作票签发人签名：＿＿＿＿＿＿＿　　＿＿＿年＿＿月＿＿日＿＿时＿＿分

工作负责人签名：＿＿＿＿＿＿＿＿　　＿＿＿年＿＿月＿＿日＿＿时＿＿分

其他危险点预控措施和注意事项：

（1）根据现场工作条件和设备状况，填写相应的安全措施和注意事项，没有则填"无"。

（2）工作票签发人、工作负责人对上述所填内容确认无误后签名并填写时间。

6. 工作许可：

许可的线路、设备	许可方式	工作许可人	工作负责人签名	工作许可时间
				＿＿＿＿年＿＿月＿＿日＿＿时＿＿分
				＿＿＿＿年＿＿月＿＿日＿＿时＿＿分

工作许可：确认本工作票1至5项正确完备，许可工作开始。

（1）工作许可人在确认相关安全措施完成后，方可许可工作。

（2）工作许可人和工作负责人分别在各自收执的工作票上填写许可的线路或设备的双重名称、许可方式、工作许可人、工作负责人、许可工作时间。

7. 现场补充的安全措施：

＿＿＿＿＿＿＿＿＿＿＿＿＿＿＿＿＿＿＿＿＿＿＿＿＿＿＿＿＿＿＿＿＿＿

现场补充的安全措施：工作负责人或工作许可人根据现场的实际情况，补充安全措施和注意事项。无补充内容时填写"无"。

8. 现场交底：工作班成员确认工作负责人布置的工作任务、人员分工、安全措施和注意事项并签名：

＿＿＿＿＿＿＿＿＿＿＿＿＿＿＿＿＿＿＿＿＿＿＿＿＿＿＿＿＿＿＿＿＿＿

＿＿＿＿＿＿＿＿＿＿＿＿＿＿＿＿＿＿＿＿＿＿＿＿＿＿＿＿＿＿＿＿＿＿

现场交底，工作班成员确认工作负责人布置的工作任务、人员分工、安全措施和注意事项并签名。

工作班成员在明确了工作负责人、专责监护人交代的工作内容、人员分工、带电部位、现场布置的安全措施和工作的危险点及防范措施后，每个工作班成员在工作负责人所持工作票上签名，不得代签。

9. ＿＿＿＿＿年＿＿＿月＿＿＿日＿＿＿时＿＿＿分工作负责人下令开始工作。

下令开始时间：填写工作负责人下令开始工作的时间。

10．工作票延期：有效期延长到_____年____月____日____时____分。

　　工作负责人签名：_____年____月____日____时____分

　　工作许可人签名：_____年____月____日____时____分

工作票延期：

（1）工作票延期手续，应在工作票的有效期内，由工作负责人向工作许可人提出申请，得到同意后办理。

（2）工作负责人和工作许可人在各自收执的工作票上签名并记录许可时间。

11．工作终结：

　　11.1　工作班人员已全部撤离现场，工具、材料已清理完毕，杆塔、设备上已无遗留物。

　　11.2　工作终结报告：

终结的线路、设备	报告方式	工作许可人	工作负责人签名	终结报告时间
				____年___月___日___时____分
				____年___月___日___时____分

工作终结报告：工作负责人向工作许可人汇报工作完毕，填写终结的线路或设备名称、报告方式、工作负责人、工作许可人、终结报告时间。在"终结报告时间"栏盖"已执行"章：已执行。

12．备注：

　　作业计划编号：指安全风险管控监督平台作业计划编号_____

　　其他需要说明的事项：如天气、湿度、风速等_____

备注：

（1）填写作业计划编号：指安全风险管控监督平台作业计划编号。

（2）其他需要说明的事项：如天气、湿度、风速等。

四、操作票

"操作票"就是运行人员将设备由一种状态转换到另一种状态的书面操作依据。将设备由一种状态转变为另一种状态的过程称为倒闸，所进行的操作称为倒闸操作。倒闸操作有就地操作和遥控操作两种方式，在全部停电或部分停电的电气设备上工作，必须执行操作票制度，禁止无票作业。按照《国网配电安规》7.2.5.1 的规定：高压电气设备倒闸操作一般应由操作人员填用配电倒闸操作票（见附录 J，以下简称操作票）。操作票中的操作步骤具体体现了设备转换过程中合理的先后操作顺序和需要注意的安全事项，认真执行操作票制度是实施倒闸操作的基本安全要求，是防止运行人员误操作事故的重要措施。倒闸操作必须执行操作票制和工作监护制。操作过程必须由两人进行，一人监护一人操作，操作中坚持复诵制。

依据《国网配电安规》（附录 J）的规定，10kV 配网不停电作业用《配电倒闸操作票》格式如下所示。

配电倒闸操作票（格式）

单位： 　　　　　　　　　　　　　　　　　　　　　　　　　　　　编号：

发令人：		受令人：		发令时间：	年 月 日 时 分		
操作开始时间：	年 月 日 时 分			操作结束时间：	年 月 日 时 分		
操作任务：							
顺序	操作项目						√
备注：							
操作人：				监护人：			

第五节 填写安全交底卡

作业前填写"现场安全交底会记录卡"或称为"安全交底卡"，以及召开现场站班会如实记录安全交底会日期、时间以及安全措施等事项，是保证作业任务、安全措施交底和危险点告知的重要措施，必须严格执行与落实到位。

结合生产实际， 10kV 配网不停电作业用"安全交底卡"格式推荐如下所示（供参考）。

安全交底卡（格式）

单位： 　　　　　　　　　　班组： 　　　　　　　　　交底卡编号：

负责人		工作 任务	
工作地点			
工作时间	自 年 月 日 时 分至 年 月 日 时 分		
安全交底会日期和时间	年 月 日 时 分		

续表

工作人员分工及专责监护人情况	1. 工作负责人（监护人）： 2. 斗内电工（或杆上电工、平台电工）； 3. 地面电工： 4. 专责监护人：		
工作票安全措施内容	工作票种类：□一票　　□二票　　☑带电　　□其他 编号：_____		
工作中存在的危险点及防范措施			
现场补充安全措施和注意事项			
工作班成员对现场交底认可情况，签名并在"是/否"上打对号确认	本人已清楚当日个人工作任务、明白工作中危险点、认可现场安全措施，对现场交底无异议。		
	（是/否）认可	（是/否）认可	（是/否）认可
	（是/否）认可	（是/否）认可	（是/否）认可
	（是/否）认可	（是/否）认可	（是/否）认可
	（是/否）认可	（是/否）认可	（是/否）认可
	（是/否）认可	（是/否）认可	（是/否）认可
	（是/否）认可	（是/否）认可	（是/否）认可
	（是/否）认可	（是/否）认可	（是/否）认可

第六节　召开班前会

工作负责人（或工作票签发人）组织召开班前会，学习作业指导书（卡），明确作业任务、作业方法、风险等级、安全责任、人员分工、工器具配备、作业流程、作业资料等，是落实和贯彻现场标准化作业工作的关键环节。

一、明确作业任务

明确作业任务，包括：线路名称或设备双重名称、杆号、设备编号、项目名称等，并检查确认作业任务与作业计划、现场勘察记录、工作票上的任务是否一一对照。

二、明确作业方法

明确作业方法，包括：绝缘杆作业法、绝缘手套作业法、综合不停电作业法以及登杆作业、绝缘斗臂车作业、绝缘脚手架作业、蜈蚣梯作业、旁路设备作业、发电设备作业等，并检查确认作业方法、作业装备是否合适。

三、明确风险等级

明确风险等级，包括：Ⅲ级风险的项目使用《作业指导书（施工方案或三措一案）》，Ⅳ级风险的项目使用《作业指导卡》以及到岗到位人员、安全督查人员落实等。

四、明确安全责任

明确安全责任包括明确工作负责人（监护人）、专责监护人、工作班成员等安全责任。具体根据《国网配电安规》5.3.12 规定如下。

1. 工作负责人（监护人）安全责任

（1）确认工作票所列安全措施正确、完备，符合现场实际条件，必要时予以补充；

（2）正确、安全地组织工作；

（3）作业前，对工作班成员进行工作任务、安全措施交底和危险点告知，并确保每个工作班成员都已签名确认；

（4）组织执行工作票所列由其负责的安全措施；

（5）监督工作班成员遵守本文件、正确使用劳动防护用品和安全工器具以及执行现场安全措施；

（6）关注工作班成员身体状况和精神状态是否出现异常迹象，人员变动是否合适。

2. 专责监护人安全责任

（1）明确被监护人员和监护范围；

（2）工作前，对被监护人员交代监护范围内的安全措施，告知危险点和安全注意事项；

（3）监督被监护人员遵守本文件和执行现场安全措施，及时纠正被监护人员的不安全行为。

3. 工作班成员安全责任

（1）熟悉工作内容、工作流程，掌握安全措施，明确工作中的危险点，并在工作票上履行交底签名确认手续；

（2）服从工作负责人、专责监护人的指挥，严格遵守本文件和劳动纪律，在指定的作业范围内工作，对自己在工作中的行为负责，互相关心工作安全；

（3）正确使用施工机具、安全工器具和劳动防护用品。

五、明确任务分工

明确任务分工包括：工作负责人（监护人）、专责监护人、杆上电工（包括斗内电工、平台电工）、地面电工的具体任务。

六、明确工器具配备

明确工器具配备包括：特种车辆、个人绝缘防护用具、绝缘遮蔽用具、绝缘工具、金属工具、旁路设备、仪器仪表、其他工具、设备材料。下面以一个项目及一个作业小组为单位对绝缘杆作业法项目、绝缘手套作业法项目、综合不停电作业法项目的工器具及车辆配置见表 1-1～表 1-3（供参考）。

表 1-1　　　　　　　　　绝缘杆作业法项目工器具及车辆配置表

序号	名称		规格、型号（kV）	单位	数量	备注
1	特种车辆	移动库房车		辆	1	
2	登杆工具	金属脚扣		副	4	杆上电工使用
3	个人绝缘防护用具	绝缘安全帽	10	顶	2	
4		绝缘手套	10	双	3	带保护手套
5		绝缘服	10	件	2	
6		绝缘披肩	10	件	2	
7		护目镜		副	2	
8		安全带		副	2	有后背保护绳
9	绝缘遮蔽用具	导线遮蔽罩	10	个	3	绝缘杆作业法用
10		绝缘子遮蔽罩	10	个	2	绝缘杆作业法用
11		绝缘隔板 1（相间）	10	个	3	定制选配
12		绝缘隔板 2（相地）	10	个	3	定制选配
13	绝缘工具	绝缘滑车	10	个	1	绝缘传递绳用
14		绝缘绳套	10	个	1	挂滑车用
15		绝缘传递绳	10	根	1	$\phi 12\text{mm} \times 15\text{m}$
16		绝缘（双头）锁杆	10	个	1	可同时锁定两根导线
17		伸缩式绝缘锁杆	10	个	1	射枪式操作杆
18		绝缘吊杆	10	个	3	临时固定引线用
19		绝缘操作杆	10	个	1	拉合熔断器用
20		绝缘测量杆	10	个	1	
21		绝缘断线剪	10	个	1	
22		绝缘导线剥皮器	10	套	1	绝缘杆作业法用
23		线夹装拆工具	10	套	1	根据线夹类型选择
24		绝缘支架		个	1	放置绝缘工具用
25		普通消缺类工具	10	套	1	定制选配
26		装拆附件类工具	10	套	1	定制选配
27	金属工具	电动断线切刀		个	1	地面电工用

序号	名称		规格、型号（kV）	单位	数量	备注
28		液压钳			1个	压接设备线夹用
29	仪器仪表	绝缘电阻测试仪	2.5kV 及以上	套	1	含电极板
30		高压验电器	10	个	1	
31		工频高压发生器	10	个	1	
32		风速湿度仪		个	1	
33		绝缘手套充压气检测器		个	1	
34		录音笔				记录作业对话用
35		对讲机	户外无线手持	台	3	杆上杆下监护指挥用
36	其他工具	防潮苫布		块	若干	根据现场情况选择
37		个人手工工具		套	1	推荐用绝缘手工工具
38		安全围栏		组	1	
39		警告标志		套	1	
40		路障和减速慢行标志		组	1	
41	设备材料					
42						
43						

表 1-2　　　　　　　　　绝缘手套作业法项目工器具及车辆配置表

序号	名称		规格、型号	单位	数量	备注
1	特种车辆	绝缘斗臂车	10kV	辆	1	带绝缘外斗工具箱
2		绝缘平台1	10kV	个	1	固定式平台
3		绝缘平台2	10kV	个	1	绝缘脚手架
4		绝缘平台3	10kV	个	1	绝缘蜈蚣梯
5		移动库房车		辆	1	
6		吊车	8t	辆	1	不小于8t（可租用）
7	个人绝缘防护用具	绝缘安全帽	10kV	顶	2	
8		绝缘手套	10kV	双	3	带保护手套
9		绝缘服	10kV	件	2	
10		绝缘披肩	10kV	件	2	

序号	名称		规格、型号	单位	数量	备注
11	个人绝缘防护用具	护目镜		副	2	
12		安全带		副	2	有后背保护绳
13		绝缘靴	10kV	双	3	地面电工用
14	绝缘遮蔽用具	导线遮蔽罩	10kV	根	12	
15		引线遮蔽罩	10kV	根	12	
16		绝缘子遮蔽罩	10kV	个	3	
17		绝缘毯	10kV	块	20	
18		绝缘毯夹		个	40	
19		绝缘隔板1（相间）	10kV	个	3	定制选配
20		绝缘隔板2（相地）	10kV	个	3	定制选配
21		横担遮蔽罩	10kV	个	1	定制选配
22		电杆遮蔽罩	10kV	根	4	
23	绝缘工具	绝缘操作杆	10kV	个	2	
24		伸缩式绝缘锁杆	10kV	个	2	射枪式操作杆
25		绝缘（双头）锁杆	10kV	个	2	可同时锁定两根导线
26		绝缘吊杆（短）	10kV	个	3	临时固定引线用
27		绝缘吊杆（长）	10kV	个	3	临时固定引线用
28		绝缘工具支架		个	1	支撑绝缘操作工具用
29		绝缘断线剪	10kV	个	1	
30		绝缘测量杆	10kV	个	1	
31		绝缘横担	10kV	个	1	电杆用
32		绝缘紧线器	10kV	个	2	配卡线器2个
33		绝缘绳套（短）	10kV	根	3	紧线器、保护绳等用
34		绝缘绳套（长）	10kV	根	2	绝缘保护绳用等
35		绝缘传递绳	10kV	根	2	
36		绝缘控制绳	10kV	根	3	
37		绝缘撑杆	10kV	根	3	支持两相导线专用
38		绝缘吊杆	10kV	根	1	备用
39		硬质绝缘紧线器	10kV	个	6	桥接工具
40		绝缘防坠绳	10kV	个	6	临时固定引下电缆用
41		绝缘千金绳	10kV	个	2	起吊开关用千金绳

序号	名称		规格、型号	单位	数量	备注
42	金属工具	卡线器		个	4	
43		电动断线切刀		个	1	
44		棘轮切刀		个	1	
45		绝缘导线剥皮器		个	2	
46		压接用液压钳		个	1	
47		专用快速接头		个	6	桥接工具
48	旁路设备	绝缘引流线	10kV	个	3	根据实际情况选择个数
49		绝缘引流线支架	10kV	根	1	绝缘横担（备用）
50		旁路引下电缆	10kV，200A	组	2	黄绿红3根1组，15m
51		旁路负荷开关	10kV，200A	台	1	带核相装置/安装抱箍
52		余缆支架		根	2	含电杆安装带
53						
54	仪器仪表	绝缘电阻测试仪	2500V及以上	套	1	含电极板
55		钳形电流表	高压	个	1	推荐绝缘杆式
56		高压验电器	10kV	个	1	
57		工频高压发生器	10kV	个	1	
58		风速湿度仪		个	1	
59		绝缘手套充压气检测器		个	1	
60		录音笔				记录作业对话用
61		对讲机	户外无线手持	台	3	杆上杆下监护指挥用
62		放电棒		个	1	带接地线
63		接地棒和接地线		个	2	包括旁路负荷开关用
64	其他工具	防潮苫布		块	若干	根据现场情况选择
65		个人手工工具		套	1	推荐用绝缘手工工具
66		安全围栏		组	1	
67		警告标志		套	1	
68		路障和减速慢行标志		组	1	
69	设备材料	绝缘自粘带		卷	若干	恢复绝缘用
70		清洁纸和硅脂膏		个	若干	清洁和涂抹接头用
71						
72						
73						

表 1-3 综合不停电作业法项目工器具及车辆配置表

序号	名称		规格、型号	单位	数量	备注
1	特种车辆	绝缘斗臂车	10kV	辆	1	
2		移动库房车		辆	1	
3	特种车辆	移动箱变车	10kV/0.4kV	辆	1	配套高（低）压电缆
4		低压发电车	0.4kV	辆	1	备用
5	个人绝缘防护用具	绝缘安全帽	10kV	顶	2	杆上电工用
6		绝缘手套	10kV	双	4	带防刺穿手套
7		绝缘披肩（绝缘服）	10kV	件	2	根据现场情况选择
8		护目镜		副	2	
9		安全带		副	2	有后背保护绳
10	绝缘遮蔽用具	导线遮蔽罩	10kV	根	6	不少于配备数量
11		绝缘毯	10kV	块	6	不少于配备数量
12		绝缘毯夹		个	12	不少于配备数量
13	绝缘工具	绝缘操作杆	10kV	个	2	拉合开关用
14		绝缘防坠绳	10kV	个	3	临时固定引下电缆用
15		绝缘传递绳	10kV	个	1	起吊引下电缆（备）用
16	金属工具	绝缘导线剥皮器		个	1	
17	旁路设备	旁路引下电缆	10kV，200A	组	1	黄绿红3根1组，15m
18		旁路负荷开关	10kV，200A	台	1	带核相装置/安装抱箍
19		余缆支架		根	2	含电杆安装带
20		旁路柔性电缆	10 kV，200A	组	若干	黄绿红3根1组，50m
21		快速插拔直通接头	10 kV，200A	个	若干	带接头保护盒
22		低压旁路柔性电缆	0.4kV	组	1	黄绿红黑4根1组
23		配套专用接头		组	1	低压旁路柔性电缆用
24		400V 快速连接箱	0.4kV	台	1	备用
25		电缆保护盒或彩条防雨布		米	若干	根据现场情况选用
26	仪器仪表	绝缘电阻测试仪	2500V 及以上	套	1	含电极板
27		钳形电流表	高压	个	1	推荐绝缘杆式
28		高压验电器	10kV	个	1	
29		工频高压发生器	10kV	个	1	
30		风速湿度仪		个	1	
31		绝缘手套充压气检测器		个	1	

续表

序号	名称		规格、型号	单位	数量	备注
32	仪器仪表	核相工具		套	1	根据现场设备选配
33		录音笔				记录作业对话用
34		对讲机	户外无线手持	台	3	杆上杆下监护指挥用
35		放电棒		个	1	带接地线
36		接地棒和接地线		个	2	包括旁路负荷开关用
37	其他	防潮苫布		块	若干	根据现场情况选择
38		个人手工工具		套	1	推荐用绝缘手工工具
39		安全围栏		组	1	
40		警告标志		套	1	
41		路障和减速慢行标志		组	1	
42	材料	绝缘自粘带		卷	若干	恢复绝缘用
43		清洁纸和硅脂膏		个	若干	清洁和涂抹接头用
44						
45						
46						

七、明确作业流程

明确作业流程，包括：现场准备流程、现场作业流程、作业后的终结流程。

1. 现场准备工作流程（见图1-2）

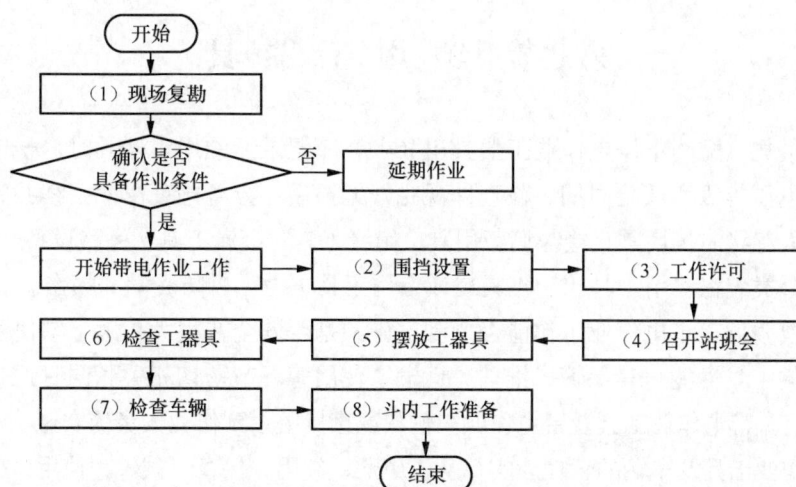

图 1-2 现场准备工作流程图

2. 现场作业工作流程（见图1-3）

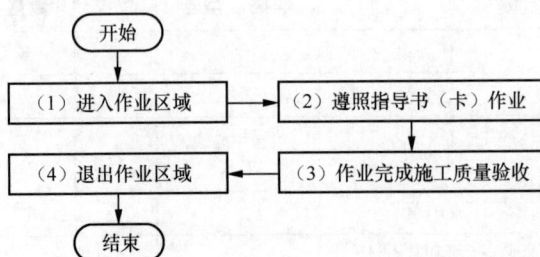

```
         ┌────────┐
         │  开始  │
         └────────┘
             │
             ▼
  ┌──────────────────┐      ┌──────────────────────┐
  │ （1）进入作业区域 │─────▶│ （2）遵照指导书（卡）作业 │
  └──────────────────┘      └──────────────────────┘
             ▲                          │
             │                          ▼
  ┌──────────────────┐      ┌──────────────────────┐
  │ （4）退出作业区域 │◀─────│ （3）作业完成施工质量验收 │
  └──────────────────┘      └──────────────────────┘
             │
             ▼
         ┌────────┐
         │  结束  │
         └────────┘
```

图 1-3　现场作业工作流程图

3. 作业后的终结工作流程（见图1-4）

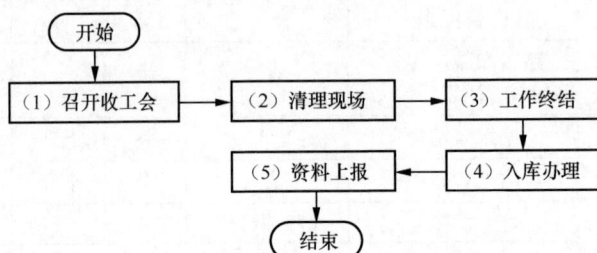

```
       ┌────────┐
       │  开始  │
       └────────┘
           │
           ▼
  ┌─────────────┐     ┌─────────────┐     ┌─────────────┐
  │（1）召开收工会│────▶│（2）清理现场 │────▶│（3）工作终结 │
  └─────────────┘     └─────────────┘     └─────────────┘
                                                 │
                             ┌─────────────┐     ▼
                             │（5）资料上报 │◀──┌─────────────┐
                             └─────────────┘   │（4）入库办理 │
                                   │           └─────────────┘
                                   ▼
                             ┌────────┐
                             │  结束  │
                             └────────┘
```

图 1-4　作业后的终结工作流程图

八、明确作业资料

明确作业资料包括：现场勘察记录、安全交底卡、工作票（操作票）、作业指导书（卡）等，并检查是否漏项、错项、审批手续是否齐全等。

第七节　领　用　工　器　具

班组成员凭《配网不停电作业工器具出（入）库记录》领用工器具时，一定要核对工器具对应的电压等级和试验周期、检查外观完好无损后，方可办理出库手续并签字确认，同时要将个人绝缘防护用具、绝缘遮蔽用具、绝缘工具、金属工具、旁路设备、仪器仪表、其他工具等分类装在专用工具箱、工具袋或专用工具车内，以防受潮和损伤。

这里需要强调：带电作业工作能否顺利实施和是否安全在很大程度上取决于工具的性能，使用中的工具性能与其保管、维护、运输、使用等环节密切相关。同时，带电作业是"设备保护人"，带电作业工具及带电作业车辆状况直接关系到作业人员的安全，务必应严格管理。带电作业工具及车辆的管理应实行从"申购、领用、保存、试验、使用"等直至报废整个生命周期的全过程管理，保持完好的待用状态，杜绝使用不良或报废的作业工具。配网不停电作业工器具出（入）库记录（供参考）见表1-4。

表 1-4　　　　　　配网不停电作业工器具出（入）库记录（供参考）

项目：_____　　　　班组：_____　　　编号：_____

序号	名称	规格、型号	单位	数量	出（入）库记录				备注
					出库√	未出库×	入库√	未入库×	
	特种车辆								
	个人绝缘防护用具								
	绝缘遮蔽用具								
	绝缘工具								
	金属工具								
	旁路设备								
	仪器仪表								
	其他工具								
	设备材料								

领用人签字：_____　　　领用日期：_____年___月___日___时___分

保管员签字：_____　　　归还日期：_____年___月___日___时___分

一、配电网不停电作业工器具分类

配电网不停电作业工器具（包括装置和设备）依据作业项目和作业方式的不同，可以分为两类：

（1）绝缘杆作业法和绝缘手套作业法使用的带电作业工器具，包括：绝缘遮蔽用具、绝缘防护用具、绝缘操作工具和绝缘承载工具等。其中：绝缘防护用具和绝缘遮蔽用具，作为配电带电作业用辅助绝缘，它是指用来隔离人体与带电体、遮蔽（隔离）带电体和接地体，对作业中的"人员"起到安全保护，要求耐压水平不小于 20kV 的绝缘用具。绝缘操作工具和绝缘承载工具，作为配电带电作业用主绝缘工具，是指隔离电位起主要作用的电介质，耐压水平不小于 45kV 的绝缘工具。

（2）旁路作业法所涉及的旁路设备，包括：旁路柔性电缆、旁路负荷开关、旁路引下电缆、旁路电缆终端和中间接头、带电作业用消弧开关、旁路作业车、移动箱变车和移动电源车等。

二、配电网不停电作业工器具保管要求

依据 DL/T 974—2005《带电作业用工具库房》的规定：

（1）配网不停电作业工器具及车辆应设专人保管，存放于专用库房内，实行全寿命周期过程管理，保持完好的待用状态。

（2）配电带电作业工具库房应配置包括除湿设施、干燥加热设施、降温设施、通风设施、报警设施等。库房信息管理系统应能对库房环境状态进行实时测控，并对工具贮存状况、出入库信息、领用手续、试验等信息进行管理。

（3）配电带电作业工具库房温度宜为 10～28℃，湿度应不大于 60%。只用来存放非绝缘类工具的库房可不做温、湿度要求。

（4）有条件或新建的库房宜增设过渡间，过渡间内应设置工具保养、整理和暂存区域。过渡间应与工具存放区隔离。

（5）工具存放空间与活动空间的比例宜为 2∶1。库房内空高度宜大于 3.0m，难以满足时，不宜低于 2.7m。

（6）带电作业用绝缘斗臂车宜停放在安全、防潮、通风和具有消防设施的专用库房，并将所有门窗、抽屉等活动部件处于稳固关闭状态。重要的非集控设备不宜长期存放在车辆上。绝缘斗臂车库房温度宜为 5～40℃，湿度不宜大于 60%。

三、配电网不停电作业工器具试验要求

按照 Q/GDW 10799.8—2023《国家电网有限公司电力安全工作规程 第 8 部分：配电部分》（11.7.1、11.8.3、11.8.4）的规定。

（1）绝缘斗臂车应根据 DL/T 854—2017《带电作业用绝缘斗臂车使用导则》定期检查。包括：绝缘工作斗（绝缘内斗的层向耐压和沿面闪络试验、外斗的沿面闪络试验）、绝缘臂的工频耐压试验、整车的工频试验以及内斗、外斗、绝缘臂、整车的泄漏电流试验，预防性试验每年一次，绝缘工作斗性能要求见表1-5,绝缘臂绝缘性能要求见表1-6（摘自 Q/GDW 11237—2014《配网带电作业绝缘斗臂车技术规范》）。

表 1-5   绝缘工作斗性能要求

试验部件	试验项目					
	定型/型式/出厂试验			预防性试验		
	层向耐压	沿面闪络	泄漏电流	层向耐压	沿面闪络	泄漏电流
绝缘内斗	50kV 1min	0.4m 50kV 1min	0.4m 20kV ≤200μA	45kV 1min	0.4m 45kV 1min	0.4m 20kV ≤200μA
绝缘外斗	20kV 5min	0.4m 50kV 1min	0.4m 20kV ≤200μA	—	0.4m 45kV 1min	0.4m 20kV ≤200μA

注 1. 层向耐压、沿面闪络试验过程中应无击穿、无闪络、无严重发热（温升容限+10℃）。

　　2. "—"表示不必检测项目。

表 1-6   绝缘臂绝缘性能要求

试验部件	试验项目					
	定型/型式试验		出厂试验		预防性试验	
	工频耐压	泄漏电流	工频耐压	泄漏电流	工频耐压	泄漏电流
绝缘臂	0.4m 100kV 1min	0.4m 20kV ≤200μA	0.4m 50kV 1min	0.4m 20kV ≤200μA	0.4m 45kV 1min	0.4m 20kV ≤200μA

注 工频耐压试验过程中应无击穿、无闪络、无严重发热（温升容限+10℃）。

（2）带电作业工器具试验应符合 DL/T 976—2017《带电作业工具、装置和设备预防性试验规程》的要求。其中，配电带电作业用"绝缘工具"的电气预防性试验为：试验长度 0.4m，加压 45kV，时间为 1min，试验周期为 12 个月。工频耐压试验以无击穿、无闪络及过热为合格。

（3）带电作业遮蔽和防护用具试验应符合 GB/T 18857—2019《配电线路带电作业技术导则》的要求。其中，配电带电作业用"绝缘防护用具和绝缘遮蔽用具"的电气预防性试验为：试验电压 20kV，时间为 1min，试验周期为 6 个月。试验中试品应无击穿、无闪络、无发热为合格。

第八节 召 开 出 车 会

工作负责人（或工作票签发人）组织召开出车会，是南网公司推广的一种制度。在出车会上工作负责人要重点检查如下内容：

（1）工作班组成员是否到齐，着装统一、身体状况和精神状态是否正常；

（2）行车班对作业车辆进行检查是否合格并确认《车辆安全日常检查统计表》（见表 1-7，

供参考)》是否填写；

（3）出车前确认所带的资料（现场勘察记录、安全交底卡、工作票、操作票、作业指导书/卡等）、工器具（试验报告、出入库记录）、用具［签字笔、录音笔、工作负责人和专责监护人袖章（反光衣）］是否齐全；

（4）出车前再次告诫行车班：要严格遵守交通法规、文明行驶，严禁疲劳驾驶、违章驾驶、超速驾驶、酒后驾驶。

表 1-7　　　　　　　　车辆安全日常检查统计表（供参考）

车牌号：_____　　　　车型：_____　　　　　　　驾驶员：_____

检查人签字：_____　　　　　　　　　　检查日期：_____年___月___日

检查情况：良好（打√）、不良/损耗/撞伤（打△）、损坏/变形（打×）、无此项功能（打/）。

序号	检查类别	检查项目	检查情况	处理情况
1	车身	1.1 车身外观		
		1.2 灯具灯光		
		1.3 轮胎外形		
2	车辆操作	2.1 车辆能发动		
		2.2 刹车能制动		
		2.3 方向能转动		
3	驾驶室	3.1 车厢内整洁		
		3.2 仪表盘指示		
		3.3 仪表盘按钮		
		3.4 车辆行驶证		
		3.5 维修保养本		
4	车体上装	4.1 上臂伸缩起伏		
		4.2 下臂上下起伏		
		4.3 工作斗旋转升降		
		4.4 旋转台操作手柄		
		4.5 支腿伸缩收放		
		4.6 上装绝缘斗绝缘臂		
		4.7 小吊臂吊绳吊钩		
		4.8 油管油缸多路阀		
5	臂架关节	5.1 上下臂油缸销轴		
		5.2 下臂与转台销轴		
		5.3 下臂与关节销轴		
		5.4 绝缘斗油缸销轴		

序号	检查类别	检查项目	检查情况	处理情况
6	随车附件	6.1 灭火器 1 个		
		6.2 工作斗罩 1 个		
		6.3 接地棒 1 个		
		6.4 支腿挚板 4 个		
		6.5 随车工具 1 套		
7	其他情况			

第二章 现场准备工作

现场准备工作，包括：工作开始、现场复勘、确认是否具备作业条件、开始带电作业工作、围挡设置、工作许可、召开站班会、摆放工器具、检查工器具、杆上工作准备、工作结束，其工作流程如图 2-1 所示。

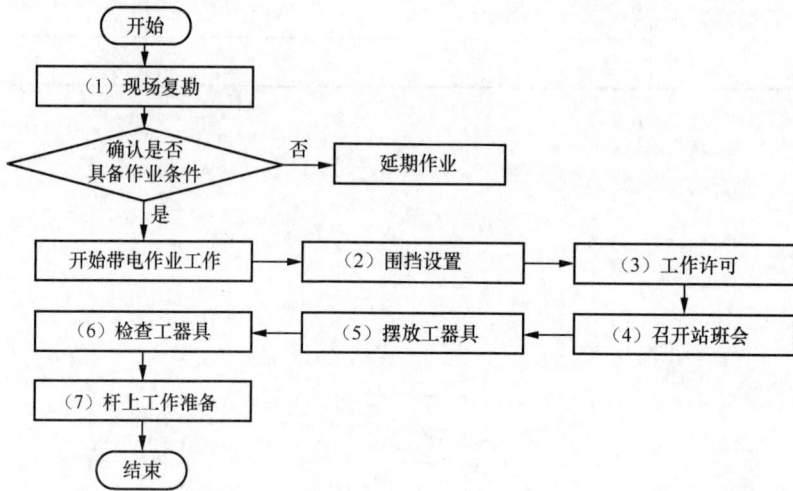

```
                    开始
                     │
              ┌──────────────┐
              │ (1) 现场复勘 │
              └──────────────┘
                     │
              确认是否      否
              具备作业条件 ──────→  延期作业
                     │ 是
              ┌──────────────┐     ┌──────────────┐     ┌──────────────┐
              │ 开始带电作业工作│ ──→ │ (2) 围挡设置 │ ──→ │ (3) 工作许可 │
              └──────────────┘     └──────────────┘     └──────────────┘
              ┌──────────────┐     ┌──────────────┐     ┌──────────────┐
              │ (6) 检查工器具│ ←── │ (5) 摆放工器具│ ←── │ (4) 召开站班会│
              └──────────────┘     └──────────────┘     └──────────────┘
                     │
              ┌──────────────┐
              │ (7) 杆上工作准备│
              └──────────────┘
                     │
                    结束
```

图 2-1　现场准备工作流程图

第一节 现 场 复 勘

工作负责人组织作业人员进行作业前现场复勘，是履行工作许可的先决条件。现场核对线路名称和杆号，确认线路、设备状态，检查现场作业环境，满足带电作业条件等，并向工作负责人汇报。

一、作业标准

（1）工作负责人：①核对线路名称和杆号；②确认工作票所列工作任务正确。

（2）作业班成员：①检查杆根基础、杆身质量并告知工作负责人；②确认线路、设备状态并告知工作负责人；③测量风速、湿度并告知工作负责人（测量结果记录工作票"11.备注栏"）；④留取现场照片 1～3 张（包括作业前、作业中和作业后），发送给工作负责人留存。

（3）工作负责人：检查工作票上所列安全措施是否完善，是否补充现场安全措施。

（4）工作负责人：告知工作班成员"经过现场复勘，作业现场具备安全作业条件，可以进行本项工作！"

（5）风险预控：作业前必须依据工作票所列事项进行现场复勘，具备作业条件、天气良好、风力不超过5级、湿度不大于80%，方可展开工作。

二、标准用语

（1）工作负责人：×号电工，请核对本次作业线路名称和杆号是否与工作票所列一致。

（2）×号电工：报告工作负责人，线路名称为10kV_____线，杆号为_____号杆。

（3）工作负责人：明白，符合、一致。

（4）工作负责人：×号主电工，请检查现场作业环境情况。

（5）×号电工：报告工作负责人，现场作业环境符合，杆跟基础牢固，杆根、杆身完好，导线固定牢固，无交叉跨越，无同杆高低压架设等。

（6）工作负责人：明白，符合、一致。

（7）工作负责人：×号电工，请检查现场气象条件。

（8）×号电工：报告工作负责人，作业现场天气良好，经过实测：风力为_____不超过5级、湿度为_____不大于80%。

（9）工作负责人：明白，符合、一致，并记录在工作票的备注栏内。

（10）工作负责人：全体作业班成员请注意：本次任务经过现场复勘，具备作业条件、天气良好、风力不超过5级、湿度不大于80%，可以进行本项目_____工作。大家是否明白！

（11）作业班成员：明白。

第二节 围 挡 设 置

工作负责人组织班组成员围挡设置、布置工作现场、悬挂标示牌和装设遮栏（围栏），是保证带电作业安全的技术措施之一。围挡设置包括：装设遮栏（围栏）、悬挂标示牌"在此工作、从此进出、止步，高压危险"，设置路障、导向牌警示牌"前方施工，请慢行"，增设临时交通疏导人员并穿反光衣等。

一、作业标准

（1）工作负责人：指挥绝缘斗臂车驾驶人员将绝缘斗臂车停放至工作位置，可靠支撑支腿与可靠接地。

（2）作业班成员：在工作区域设置安全围栏、警示标志或路障。①围栏范围应不小于高空落物、绝缘斗臂车作业范围；②警示标志，如"在此工作、从此进出、止步，高压危险"悬挂在作业地点、出入口以及道路处；③设置路障、导向牌"施工现场车辆慢行或车辆绕行"并备案。

（3）风险预控：作业前必须检查确认绝缘斗臂车停放到位、支腿牢靠，接地符合规定，安全围栏、警示标志、路障、导向牌设置合理，必要时设置临时交通疏导人员，穿戴反光衣。

二、标准用语

（1）工作负责人：×号主电工，请按指定位置停放绝缘斗臂车，伸出支腿支撑斗臂车，使用接地线将斗臂车可靠接地。

（2）×号电工：报告工作负责人，绝缘斗臂车已停放到位，支腿已可靠支出，斗臂车已可靠接地。

（3）工作负责人：明白。

（4）工作负责人：全体作业班成员请注意：相互配合在工作区域设置安全围栏、警示标志或路障。

（5）×号电工：报告工作负责人，安全围栏、警告标志、路障已设置完毕。

第三节 工 作 许 可

履行工作许可制度以及停用重合闸制度，是保证带电作业安全的重要组织、技术措施。按照 Q/GDW 10799.8—2023《国家电网有限公司电力安全工作规程 第 8 部分：配电部分》（以下简称《国网配电安规》）（11.1.5）的规定：工作负责人在带电作业开始前，应与值班调控人员或运维人员联系。需要停用重合闸的作业和带电断、接引线工作应由值班调控人员或运维人员履行许可手续。带电作业结束后，工作负责人应及时向值班调控人员或运维人员汇报。

一、 作业标准

（1）工作负责人：①电话与值班调控人员联系（或当面）获得工作许可，如停用重合闸，确认线路重合闸装置已退出；②在工作票上记录许可方式、工作许可人、工作许可时间并签字确认。

（2）风险预控：工作开始前，工作负责人（用标准化语言）必须与值班调控人员或运维人员履行工作许可制度和停用重合闸许可制度，并在工作票记录许可时间和签字确认。

二、标准用语

（1）工作负责人：报告调度，我是_____班工作负责人_____，现办理配电带电作业工作票许可，编号_____，申请作业时间_____年____月____日____时____分至＿＿＿＿年＿＿月＿＿日＿＿时＿＿分，已完成工作准备，天气满足带电作业要求，安全措施完备，具备作业条件，本次工作地点在＿＿＿＿＿＿线路＿＿＿＿＿杆，要求（停用或不停用）＿＿＿＿＿线路重合闸，请批准。请告知批准时＿＿＿＿＿＿年＿＿月＿＿日＿＿时＿＿分，请告知批准人＿＿＿＿＿＿。

（2）工作负责人：全体作业班成员请注意，本次任务已得到许可，许可时间＿＿＿＿＿＿年＿＿月＿＿日＿＿时＿＿分，许可人＿＿＿＿＿＿。大家是否明白！

（3）作业班成员：明白。

第四节　召开站班会

工作负责人召集班组成员列队召开"安全交底"站班会、宣读《工作票》和《安全交底卡》并签名确认，是落实和贯彻现场标准化作业工作的重要关键环节之一。站班会的重点是：工作任务交底、安全措施交底、危险点告知，工作班成员精神状态良好检查确认，工作班成员安全交底知晓签名确认（包括安全交底卡）。

一、作业标准

（1）工作负责人：①交代工作地点和工作任务；②危险点告知；③安全措施交底；④确认作业人员合适，工作任务分工；⑤确认工作班成员都已知晓，工作班成员在工作票上和安全交底卡签名；⑥检查确认签名、分工无误后，站班会结束；⑦在工作票上签字，并记录工作开始时间；⑧安全交底卡签字并记录安全交底时间。

（2）风险预控：工作许可后，必须召开"安全交底"站班会，履行工作班成员安全交底知晓在工作票上签名确认（包括安全交底卡）手续。

二、标准用语

（1）工作负责人：全体作业班成员请注意：现在召开站班会。

① 本次作业的工作地点是：＿＿＿＿＿＿＿＿＿＿＿＿＿＿＿＿＿＿＿＿＿＿＿＿＿＿，工作任务是：＿＿＿＿＿＿＿＿＿＿＿＿＿＿＿＿＿＿＿。

② 本次作业的危险点是：＿＿＿＿＿＿＿＿＿＿＿＿＿＿＿＿＿＿＿＿＿＿＿＿

③ 本次作业的安全措施是：＿＿＿＿＿＿＿＿＿＿＿＿＿＿＿＿＿＿＿＿＿＿＿

＿＿＿＿＿＿＿＿＿＿＿＿＿＿＿＿＿＿＿＿＿＿＿＿＿＿＿＿＿＿＿＿＿＿＿＿＿

＿＿＿＿＿＿＿＿＿＿＿＿＿＿＿＿＿＿＿＿＿＿＿＿＿＿＿＿＿＿＿＿＿＿＿＿＿

＿＿＿＿＿＿＿＿＿＿＿＿＿＿＿＿＿＿＿＿＿＿＿＿＿＿＿＿＿＿＿＿＿＿＿＿＿

＿＿＿＿＿＿＿＿＿＿＿＿＿＿＿＿＿＿＿＿＿＿＿＿＿＿＿＿＿＿＿＿＿＿＿＿＿

＿＿＿＿＿＿＿＿＿＿＿＿＿＿＿＿＿＿＿＿＿＿＿＿＿＿＿＿＿＿＿＿＿＿＿＿＿

④ 全体作业班成员请注意：下面对本次作业人员精神状况确认，都可以进行工作吗？请回答：（可以）。好！本次作业的人员分工是：

×号电工：×××为××电工，负责＿＿＿＿＿＿＿＿＿＿＿＿＿＿＿＿＿＿，负责工器具＿＿＿＿＿＿＿＿＿＿＿＿＿＿＿＿＿＿；

×号电工：×××为××电工，负责＿＿＿＿＿＿＿＿＿＿＿＿＿＿＿＿＿＿，负责工器具＿＿＿＿＿＿＿＿＿＿＿＿＿＿＿＿＿＿；

×号电工：×××为专责监护人，负责＿＿＿＿＿＿＿＿＿＿＿＿＿＿＿＿＿＿，负责工器具＿＿＿＿＿＿＿＿＿＿＿＿＿＿＿＿＿＿；

......

⑤ 全体作业班成员请注意：本次工作的任务、危险点、安全措施、任务分工是否都已知晓？请回答：（知晓）。好！请大家在工作票上签名、安全交底卡上签名。

⑥ 全体作业班成员请注意：大家已在工作票上签名确认、危险点已告知、安全措施已知晓，任务分工已清楚，让我们一起承诺：遵守安规，拒绝违章，从我做起，安全作业！

（2）工作负责人：现在工作开始时间是＿＿＿＿年＿＿月＿＿日＿＿时＿＿分，本次作业站班会结束！大家是否明白！请回答：（明白）。

（3）工作负责人：好！大家按照分工开始工器具摆放和检查工作。

（4）全体作业班成员：明白。

第五节　摆 放 工 器 具

一、作业标准

（1）作业班成员：按类别、分区、整齐地将"个人绝缘防护用具、绝缘遮蔽用具、绝缘工具、金属工具、旁路设备、仪器仪表、其他工具、设备和材料"摆放在防潮帆布上。

（2）作业班成员：依据作业指导书（卡）或工器具出（入）库记录清点工器具、设备和材料数量。

（3）风险预控：作业用工器具、材料应按类别分区摆放在防潮帆布上，依据作业指导书清点数量、核对试验标签，现场检查合格后方可使用。

二、标准用语

（1）工作负责人：全体作业班成员请注意：相互配合将工器具分类摆放在防潮帆布上，并清点数量。

（2）×号电工：报告工作负责人，工器具已分类摆放整齐放置在防潮帆布上，数量已核对无误。

（3）工作负责人：明白。

第六节　检查工器具

一、作业标准

（1）×号电工检查个人绝缘防护用具和绝缘遮蔽用具：①核对试验合格标签；②擦拭并外观检查，确认完好无损；③绝缘手套需充（压）气检测；④安全带冲击检查。

（2）×号电工检查绝缘工具：①核对试验合格标签；②擦拭并外观检查，确认完好无损；③分段检测绝缘电阻（不低于700MΩ）。

（3）×号电工检查绝缘斗臂车（外斗、内斗、绝缘臂、小吊臂）：①查看核对试验合格标签（报告书）；②检查工作位置合适、支撑稳固可靠；③擦拭并外观检查，确认完好无损；④空斗试操作一次（升降、伸缩、回转等），确认运行正常。

（4）×号电工检查。

（5）其他检查检测。如×号电工检查检测旁路作业装备：①外观检查，确认完好无损；②旁路回路导通测试；③旁路电缆相间、相地绝缘电阻检测（不低于500MΩ）。

（6）风险预控：作业用工器具、材料应按类别分区摆放在防潮帆布上，依据作业指导书（卡）清点数量、核对试验标签，现场检查合格后方可使用，绝缘手套需充（压）气检测、绝缘斗臂车空斗试操作一次。

二、标准用语

（1）工作负责人：×号电工请对个人绝缘防护用具和绝缘遮蔽用具进行检查，绝缘手套并做充（压）气检测。

（2）×号电工：报告工作负责人，绝缘防护用具和绝缘遮蔽用具外观检查合格，绝缘手套并做充（压）气检测合格。

（3）工作负责人：明白。

（4）工作负责人：×号电工配合×号电工对绝缘工具进行绝缘电阻检测。

（5）×号电工：报告工作负责人，绝缘工具检测合格，绝缘电阻为＿＿＿＿MΩ，大于700MΩ。

（6）工作负责人：明白。

（7）工作负责人：×号电工对绝缘斗臂车支腿、接地线等进行检查，并做空斗试操作一次，确认操作正常。

（8）号电工：报告工作负责人，绝缘斗臂车支腿、接地线已检查，空斗已试操作，已确认操作正常。

（9）工作负责人：明白。

（10）其他检查检测。工作负责人：×号电工配合×号电工对旁路电缆回路"导通"测试、旁路电缆"相间、相地"绝缘电阻的检测。

注： 以下有关旁路电缆回路的检测摘自《配网不停电作业吃瓜组》公众号发布的《旁路作业设备现场使用前的检查与检测》（供参考）。

旁路设备在现场投入使用前，应进行必要的检查和检测，以确保设备的安全运行。为避免运输和敷设环节对设备造成缺陷，旁路设备的外观检查应在设备组装前、后进行。旁路回路的导通测试、绝缘电阻检测应在旁路设备组装完毕后，整体进行。旁路回路绝缘电阻测试完毕后，应用放电棒逐相进行充分放电。旁路作业设备现场检查检测的内容如图2-2所示。

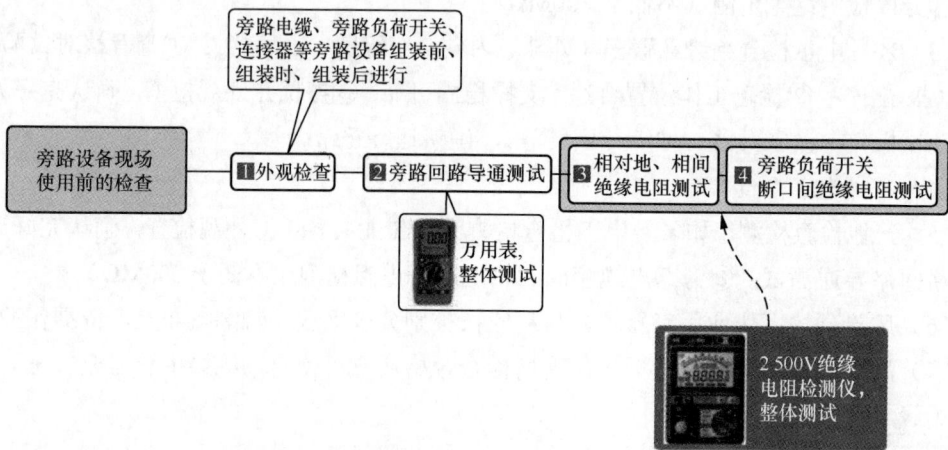

图 2-2　旁路作业设备现场检查检测的内容

1. 外观检查

旁路设备的外观检查指的是采用目视和试操作等方式对影响设备机械性能、操作性能和绝缘性能的外在缺陷进行检查，旁路电缆（包括旁路辅助电缆和高压引下电缆）的外观应无破损、裂纹、明显变形，连接器的绝缘部件表面应清洁、干燥、无划痕，旁路负荷开关外壳应无明显变形，出线套管的快速插拔接口的绝缘表面应清洁、干燥、无划痕；SF_6气压表处于正常状态；核相仪电池正常，信号自检正常。移动箱变车的设备外壳应无明显变形等缺陷；与旁路柔性电缆连接的绝缘表面应清洁、干燥、无划痕；接线组别正确；分接开关位置应正确；支腿应可靠接地等。

组装旁路回路时，应确认各快装插头（旁路电缆与旁路负荷开关之间的接续、旁路电缆与连接器之间的接续）接续良好并有效闭锁。检查并确认旁路负荷开关保护接地、移动箱变的保护接地和工作接地良好。

2. 旁路回路导通测试

旁路回路导通测试的目的是检查旁路设备之间的接续情况，以及旁路负荷开关合闸后开关触头的接触情况。

由于旁路回路较长，为便于检测，通常在一端用测试短接线断接三相电缆，在另一端进行测量，只要旁路负荷开关或任一相的旁路电缆接续不良，则通过测试均能发现。

不同型号的万用表其档位分布有区别，也可以将档位打到电阻档低量程，红黑表笔接触一下，如果阻值为 0 档位正常，然后红黑表笔各接触被测点一端，如果显示很小的阻值也表明旁路回路接续良好。旁路导通测试示意图如图 2-3 所示。

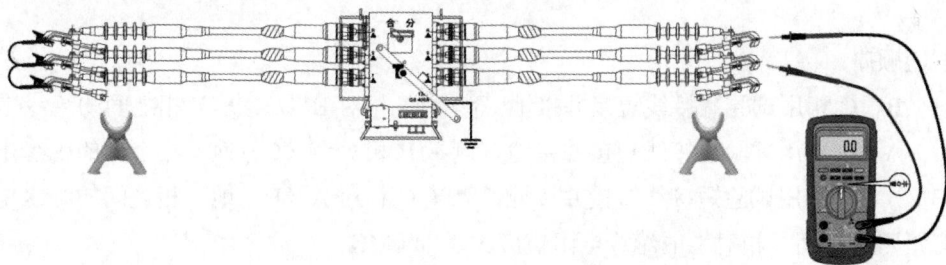

图 2-3　旁路导通测试示意图

用万用表测试回路是否导通应在断开电源的情况下进行。因此旁路回路导通试验一般安排在测量绝缘电之前进行。这样，可以避免绝缘电阻测试后旁路电缆未充分放电的情况下，残余电荷损坏万用表。

（1）万用表测试线接线。将黑表笔和红表笔插在万用表对应的接口位置，即黑表笔插在万用表"COM"接口（是公用接口），红表笔插在 VΩ（电压、电阻）接口。

（2）万用表自检。调整测量档位至蜂鸣档，打开万用表电源，显示屏上显示数字"1"，也就是没有接通的状态值（"1"代表电阻值无穷大）。将红、黑表笔碰一下，显示屏上有数值变化，同时有蜂鸣声，说明万用表导通测试这个档位正常。

（3）旁路回路导通测试。用万用表分别检测旁路回路"A-B""B-C"之间的导通情况，万用表显示屏上有数值变化，同时有蜂鸣声，则说明旁路回路接续良好。

不同型号的万用表其档位分布有区别，也可以将档位打到电阻档低量程，红黑表笔接触一下，如果阻值为 0 档位正常，然后红黑表笔各接触被测点一端，如果显示很小的阻值也表明旁路回路接续良好。

在旁路设备良好，且相互间接续良好的情况下，旁路回路的直流电阻为微欧或毫欧级的。用万用表对旁路回路进行导通测试，只能验证回路接续情况，不能得到用单臂或双臂电桥测试的精准数据。

3. 测量旁路电缆相间、相对地绝缘电阻

测量旁路回路的相间、相对地绝缘电阻前，应确认旁路负荷开关在合闸位置，并将开关的外壳接地。用 2500V 及以上的绝缘电阻测试仪测量绝缘电阻时，旁路电缆终端应放在绝缘凳（支架）上，相间保持足够距离。测量旁路回路相间、相对地绝缘电阻示意图如图 2-4 所示。

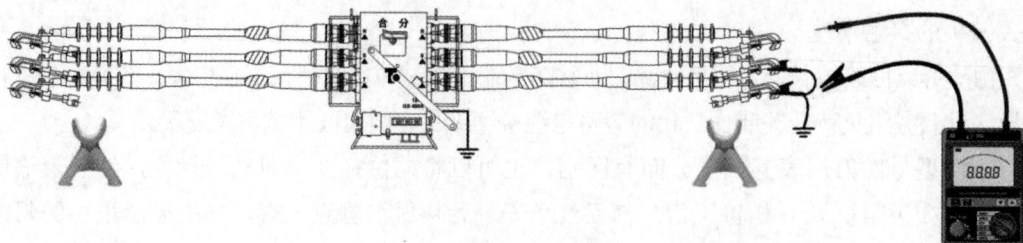

图 2-4　测量旁路回路相间、相对地绝缘电阻示意图

试验顺序：

（1）B、C 相用试验短接线短接并接地，测量 A 相对 B（C、地）相之间的绝缘电阻。

（2）A、C 相用试验短接线短接并接地，测量 B 相对 A（C、地）相之间的绝缘电阻。

（3）A、B 相用试验短接线短接并接地，测量 C 相对 A（B、地）相之间的绝缘电阻。

旁路回路相间、相对地的绝缘电阻值应大于 500MΩ。

4. 测量旁路负荷开关断口间绝缘电阻

由于旁路负荷开关的拔插接口其内部导电杆和套管外壳间距很小，因此绝缘电阻检测仪测试线的夹子不太容易接驳到导电杆上，也容易使测试线的绝缘外皮同时触碰到开关套管外壳。这会影响到测试的准确性，所以以测量旁路负荷开关断口间的绝缘电阻也通常在旁路回路组装完毕后进行，测量旁路负荷开关断口绝缘电阻示意图如图 2-5 所示。

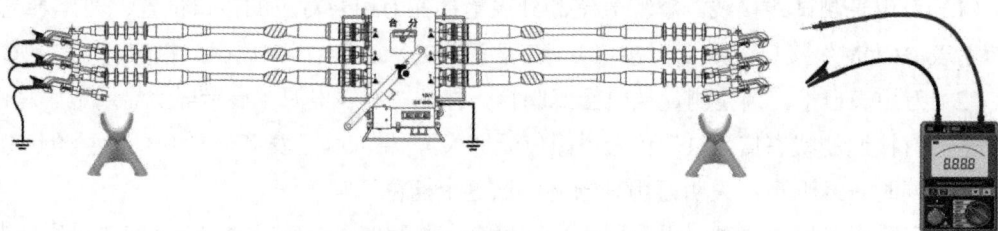

图 2-5　测量旁路负荷开关断口绝缘电阻示意图

在测量旁路负荷开关断口绝缘电阻前，应旁路负荷开关在分闸位置，外壳接地。旁路电缆终端放在绝缘凳（支架）上，相间保持足够距离。旁路电缆一端用试验短接线短接并接地，在另一侧分别测量 A、B、C 三相与地之间的绝缘电阻。绝缘电阻值应大于 500MΩ。

不能通过在另一端测量 A、B、C 三相的相间绝缘电阻的方法来判断断口绝缘是否良好。因为这种方法在旁路负荷开关的其中一相断口绝缘降低、另两相完好的情况下，绝缘电阻值还是会大于 500MΩ。

注：本书图中万用表和绝缘电阻检测仪图形参照网上素材、根据某型号的外形绘制。

检查工器具：工器具试验合格周期核对，工器具外观检查和清洁，绝缘工具绝缘电阻检测不小于 700MΩ，绝缘手套充压气检测不漏气且外观完好，安全带外观检查并作冲击试验检测合格，脚扣外观检查并作冲击试验检测合格。

第七节　杆上工作准备

一、作业标准

杆上工作准备包括：登杆工作、斗内工作、平台工作等，下面以斗内作业为例说明。

（1）斗内电工进斗：①斗内1号和2号电工分别在地面穿上"绝缘服或绝缘披肩""戴上绝缘手套和绝缘安全帽"，经工作负责人检查后蹬车进入绝缘斗内（2号辅助电工进入斗内手柄操作侧），并将安全带保险钩系挂在斗内专用挂钩上；②进斗电工在斗上整个作业过程中，不应摘下绝缘防护用具（绝缘手套）；

（2）工器具入斗：地面电工协助斗内电工将可以能携带的工器具装入斗中，绝缘毯叠放在斗的边缘上并用毯夹固定，其余毯夹规矩地夹持在斗边缘上。

（3）风险预控：斗内电工进斗前必须穿戴好"绝缘服或绝缘披肩、戴上绝缘手套和绝缘安全帽"并经检查合格后方可进斗，作业中不应摘下绝缘防护用具（绝缘手套）。作业中禁止触碰斗上金属部件，以及金属部件触碰带电体，小吊绳和吊臂应视为非绝缘体对待，不得触碰未遮蔽的带电体。

二、标准用语

（1）工作负责人：斗内电工请注意：请穿戴绝缘防护用具。

（2）斗内电工：报告工作负责人，斗内电工个人用绝缘防护用具已穿戴完毕，请求登车进入斗内。

（3）工作负责人：明白，同意（登车进入斗内）。

（4）斗内电工：报告工作负责人，斗内电工都已在内就位，安全带保险钩已系挂在斗内专用挂钩上，验电器已自检合格。

（5）工作负责人：地面电工协助斗内电工将可携带的工器具装入斗中，绝缘毯叠放在斗边缘上，毯夹规矩地夹持在斗边缘上。

（6）斗内电工：报告工作负责人，随斗携带的工器具已入斗，请求起臂作业。

（7）工作负责人：明白，同意（起臂作业）。

第三章 现场作业工作

现场作业工作包括：工作开始、进入作业区域、遵照作业指导书（卡）操作、检查施工质量确认工作完成、退出作业区域、工作结束。现场作业工作流程如图 3-1 所示。

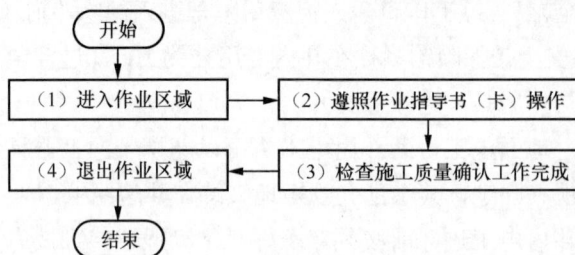

图 3-1 现场作业工作流程图

本章以"绝缘手套作业法（绝缘斗臂车作业）带电更换直线杆绝缘子及横担"为例说明现场作业工作流程，如图 3-2 所示。

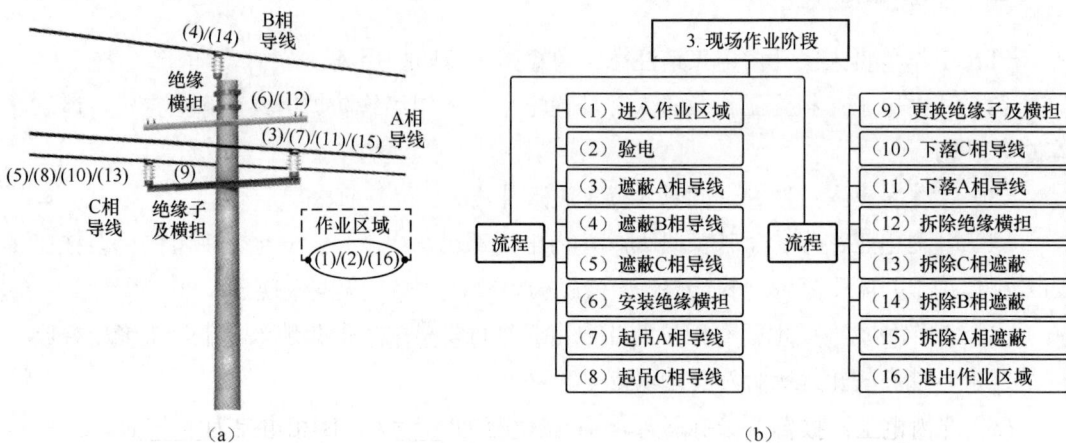

图 3-2 带电更换直线杆绝缘子及横担工作流程图
(a) 示意图；(b) 方框图

第一节 进入作业区域

获得工作负责人许可后，斗内电工穿戴个人绝缘防护用具进入带电作业区域，按规定正确验电和测流（带负荷作业项目以及旁路作业项目测流），是保证带电作业安全的技术措施之一。GB/T 18857—2019《配电线路带电作业技术导则》9.12、9.13 规定：在接近带电体的过程中，应从下方依次验电，对人体可能触及范围内的低压线支承件、金属紧固件、横担、金属支承件、带电导体亦应验电，确认无漏电现象；验电时人应处于与带电导体保持足够安全距离的位置。在低压带电导线或漏电的金属紧固件未采取绝缘遮蔽或隔离措施时，作业人员不得穿越或碰触。

一、作业标准

（1）验电：

1）斗内电工操作绝缘斗至横担外侧，使用验电器进行验电，确认无漏电现象，汇报给工作负责人；

2）验电位置：远离导线（至少大于 0.7m），横担外侧；

3）验电顺序：导线（响）—绝缘子—横担—导线（响）。

（2）测流：斗内电工使用绝缘杆式电流检测仪依次测量三相导线负荷电流并告知工作负责人（测量结果记录工作票"11 备注栏"内）。

（3）风险预控：

1）斗内电工操作绝缘斗臂车进入作业区域，作业过程中不应摘下绝缘防护用具（绝缘手套），绝缘臂伸出长度应确保"1m"标示线（下同）；

2）验电和测流时必须远离导线（至少大于 0.7m）、使用合格的绝缘杆式验电器和电流检测仪进行验电和测流；

3）验电前应对验电器进行自检（包括使用工频信号发生器），并在带电体上检验。

二、标准用语

（1）斗内电工：报告工作负责人，请求使用验电器进行验电。

（2）工作负责人：明白，同意（验电）。

（3）斗内电工：报告工作负责人，经过验电确认：横担无漏电现象。

（4）斗内电工：报告工作负责人，请求使用绝缘杆式电流检测仪测流。

（5）工作负责人：明白，同意（测流）。

（6）斗内电工：报告工作负责人，A 相电流为＿＿A，B 相电流为＿＿A，C 相电流为＿＿ A。

（7）斗内电工：报告工作负责人，请求开始斗内工作。

（8）工作负责人：明白，同意（开始斗内工作）。

第二节 遵照作业指导书（卡）操作

获得工作负责人许可后，斗内电工遵照作业指导书（卡）进行斗内工作时，工作负责人（专责监护人）履行工作监护制度在工作现场行使监护职责，有效实施作业中的危险点、程序、质量和行为规范控制等，是保证带电作业安全的重要组织措施之一。

一、遮蔽 A 相、B 相和 C 相（即近边相、中间相和远边相，下同）

1. 作业标准

（1）斗内 1 号电工按照"先带电体后接地体"的遮蔽原则，依次对"近边相、中间相和远边相"进行绝缘遮蔽。

（2）步骤 1：近边相"导线、绝缘子和横担"遮蔽。

1）导线遮蔽。斗内电工操作绝缘斗至近边相导线外侧合适位置（高于横担），斗内 1 号电工分别用导线遮蔽罩对横担两侧导线进行遮蔽。

2）绝缘子（含导线）遮蔽。斗内 2 号电工操作绝缘斗至横担外侧合适位置（高于横担），斗内 1 号电工使用绝缘毯完成对绝缘子的遮蔽。

3）横担遮蔽。斗内 2 号电工操作绝缘斗至横担下侧合适位置（低于横担），斗内 1 号电工使用绝缘毯完成对横担的遮蔽。

4）检查和确认遮蔽措施。斗内 1 号电工检查和确认"近边相导线、绝缘子和横担"的遮蔽措施无误后汇报给工作负责人，并申请换相作业（转移到中间相导线作业）。

（3）步骤 2：中间相"导线、绝缘子和杆顶"遮蔽。

1）导线遮蔽。斗内 2 号电工操作绝缘斗至中间相导线外侧合适位置（斗位于横担上方），斗内 1 号电工分别用导线遮蔽罩对杆顶两侧导线进行遮蔽。遮蔽要点：远离接地体（杆顶）。

2）绝缘子和杆顶（含导线）遮蔽。斗内 2 号电工操作绝缘斗至杆顶外侧合适位置（斗位于横担上方），斗内 1 号电工使用绝缘毯完成对绝缘子和杆顶（含导线）的遮蔽。遮蔽要点：远离接地体（杆顶）。

3）检查和确认遮蔽措施。斗内 1 号电工检查和确认"中间相导线、绝缘子和杆顶"的遮蔽措施无误后汇报给工作负责人，并申请换相作业（转移到远边相导线作业）。

（4）步骤 3：远边相"导线、绝缘子和横担"的绝缘遮蔽。

1）导线遮蔽。同近边相，略。

2）绝缘子（含导线）遮蔽。同近边相，略。

3）横担遮蔽。同近边相，略。

4）检查和确认遮蔽措施。斗内 1 号电工检查和确认"远边相导线、绝缘子和横担"的遮蔽措施无误后汇报给工作负责人，并申请换相作业（转移到导线相间作业：安装绝缘横担）。

（5）风险预控：通过控制绝缘斗工位，消除遮蔽导线（带电体）时人体离横担（接地体）太近、遮蔽绝缘子时人体离横担（接地体）太近、遮蔽横担（接地体）时人体离导线（带电体）太近所形成的接地风险隐患。

2. 作业用语

（1）1 号电工：报告工作负责人，1 号电工请求使用导线遮蔽罩、绝缘毯对近边相导线、绝缘子和横担遮蔽。

（2）工作负责人：明白，同意（对近边相导线、绝缘子和横担遮蔽），注意工位选择。

（3）1号电工：报告工作负责人，近边相导线、绝缘子和横担遮蔽已完成，请求申请换相到中间相作业。

（4）工作负责人：明白，同意（换相到中间相作业），注意工位选择。

（5）1号电工：报告工作负责人，1号电工请求使用导线遮蔽罩、绝缘子遮蔽罩对中间相导线、绝缘子和杆顶遮蔽。

（6）工作负责人：明白，同意（对中间相导线、绝缘子和杆顶遮蔽），注意工位选择。

（7）1号电工：报告工作负责人，中间相导线、绝缘子和杆顶遮蔽已完成，请求申请换相到远边相作业。

（8）工作负责人：明白，同意（换相到远边相作业），注意工位选择。

（9）1号电工：报告工作负责人，1号电工请求使用导线遮蔽罩、绝缘毯对远边相导线、绝缘子和横担遮蔽。

（10）工作负责人：明白，同意（对远边相导线、绝缘子和横担遮蔽），注意工位选择。

（11）1号电工：报告工作负责人，近边相、中间相和远边相导线遮蔽已完成，请求换相到间相进行绝缘横担安装作业。

（12）工作负责人：明白，同意（换相到间相进行绝缘横担安装作业），注意工位选择。

二、安装绝缘横担

1. 作业标准

（1）斗内2号电工调整绝缘斗至相间合适位置（略高于横担，然后通过升降装置将绝缘斗调整至合适位置）。

（2）斗内1号电工在电杆上高出横担0.4m以上的位置可靠安装绝缘横担（为便于安装可通过小吊绳先吊起绝缘横担至位置后再安装）。

（3）申请换相作业（转移到近边相导线作业：提升导线到绝缘横担上）。

（4）风险预控：通过控制绝缘斗工位、使用斗的升降装置，以及导线的绝缘遮蔽，消除安装绝缘横担时人体工位过高进入相间形成的相间短路风险隐患，以及离横担、电杆（接地体）太近形成的接地风险隐患。

2. 标准用语

（1）1号电工：报告工作负责人，1号电工已到达工位，请在电杆上高出横担0.4m以上的位置可靠安装绝缘横担。

（2）工作负责人：明白，同意（在电杆上高出横担0.4m以上的位置可靠安装绝缘横担），注意安全距离。

（3）1号电工：报告工作负责人，1号电工绝缘横担已安装到位、可靠，符合要求，请求换相到近边相进行导线提升作业。

（4）工作负责人：明白，同意（换相到近边相进行导线提升作业），注意工位选择。

三、起吊 A 相、B 相导线（即提升近边相、远边相"导线"到绝缘横担上）

1. 作业标准

（1）提升近边相"导线"到绝缘横担上。

1）斗内 2 号电工调整绝缘斗至近边相导线外侧适当位置（斗与近边相导线平行），将小吊绳调整至导线上方（铅垂方向，绝缘子侧边为起吊点），斗内 1 号电工打开绝缘子扎线部位的绝缘毯，调整导线遮蔽罩开口向上后使用小吊绳固定住导线，斗内 2 号电工收紧小吊绳使其略受力。

2）斗内 1 号电工拆除绝缘子绑扎线（绑扎线的展放长度不应超过 10cm，应当是边盘圈、边拆除）。

3）斗内 2 号电工收起小吊绳提升近边相导线脱离绝缘子后暂停，斗内 1 号电工调整至导线遮蔽罩开口朝上并恢复其连接后（重叠距离不得小于 15cm），斗内 2 号电工收起小吊绳起吊导线，并在斗内 1 号电工的配合下将导线置于绝缘横担上的固定槽内可靠固定。

4）斗内 2 号电工调整合适工位后，斗内 1 号电工拆除横担上的绝缘毯，本项工作结束，获得工作负责人许可后，申请换相（远边相导线）作业。

（2）提升远边相"导线"到绝缘横担上。

1）本相作业除绝缘斗的工位为垂直于外边相导线外，其他方法相同，略；

2）申请换相作业（转移到导线相间作业：更换直线杆绝缘子及横担）。

（3）风险预控：通过控制绝缘斗工位，斗内 2 号电工的配合和绑扎线展放长度的控制，消除提升导线到绝缘横担上时人体离横担（接地体）太近以及绑扎线展放长度过长形成的接地风险隐患。

2. 标准用语

（1）1 号电工：报告工作负责人，1 号电工已到达工位，请求提升近边相导线到绝缘横担上。

（2）工作负责人：明白，同意（提升近边相导线到绝缘横担上），注意工位选择。

（3）1 号电工：报告工作负责人，1 号电工提升近边相导线到绝缘横担上作业已完成，请求拆除横担上的绝缘毯。

（4）工作负责人：明白，同意（拆除横担上的绝缘毯），注意工位选择。

（5）1 号电工：报告工作负责人，1 号电工拆除横担上的绝缘毯作业已完成，请求换相到远边相进行导线提升作业。

（6）工作负责人：明白，同意（提升远边相导线到绝缘横担上），注意工位选择。

（7）1 号电工：报告工作负责人，1 号电工提升远边相导线到绝缘横担上作业已完成，请求换相到相间作业：更换直线杆绝缘子及横担。

（8）工作负责人：明白，同意（换相到相间作业：更换直线杆绝缘子及横担），注意工位选择。

四、更换绝缘子及横担

1. 作业标准

（1）拆除旧直线杆绝缘子及横担。

1）斗内 2 号电工调整绝缘斗至相间合适位置（低于横担，可通过升降装置将绝缘斗调整至合适位置）。

2）斗内 2 号电工将小吊绳调整至横担上方，斗内 1 号电工将小吊绳可靠固定住旧横担后依次拆除旧绝缘子和横担，斗内 2 号电工在地面电工的配合下将下落至地面的旧绝缘子和横担收起。

（2）安装新直线杆绝缘子及横担。

1）地面电工将新横担（新绝缘子已装上）使用小吊绳可靠固定后，斗内 2 号电工收起小吊绳将新横担起吊至安装位置。

2）斗内 1 号电工将新横担可靠安装在电杆上后，使用绝缘毯对新安装的绝缘子及横担进行绝缘遮蔽。

（3）申请换相作业（转移到远边相导线作业：下落导线并绑扎）。

（4）风险预控：通过控制绝缘斗工位、导线的绝缘遮蔽以及使用斗的升降装置、吊臂和小吊绳，消除更换直线杆绝缘子及横担时人体工位过高进入相间形成的相间短路风险隐患，以及离横担、电杆（接地体）太近形成的接地风险隐患。

2. 标准用语

（1）1 号电工：报告工作负责人，1 号电工已到达工位，请求拆除旧直线杆绝缘子及横担作业。

（2）工作负责人：明白，同意（拆除旧直线杆绝缘子及横担作业），注意工位选择。

（3）1 号电工：报告工作负责人，1 号电工拆除旧直线杆绝缘子及横担作业已完成，请求安装新直线杆绝缘子及横担作业。

（4）工作负责人：明白，同意（安装新直线杆绝缘子及横担作业），注意工位选择。

（5）1 号电工：报告工作负责人，1 号电工安装新直线杆绝缘子及横担作业已完成，请求换相到远边相作业：下落远边相导线至绝缘子顶槽并绑扎导线。

（6）工作负责人：明白，同意（下落远边相导线至绝缘子顶槽并绑扎导线作业），注意工位选择。

五、下落 C 相、A 相导线（即远边相、近边相导线并绑扎）

1. 作业标准

（1）下落远边相导线并绑扎。

1）斗内 2 号电工调整绝缘斗至远边相导线外侧适当位置（斗与远边相导线平行），并操作小吊绳将远边相导线起立绝缘横担固定槽后，在斗内 1 号电工的配合下打开导线遮蔽罩使导线缓缓放入新绝缘子顶槽内。

2）斗内 1 号电工安装"前三后四、双十字"的轧线绑扎方法（绑扎线的展放长度不应超过 10cm，应当是边展圈、边绑扎），使用盘成小盘的绑扎线可靠固定后，使用绝缘毯恢复导线、绝缘子的绝缘遮蔽。

3）申请换相作业（转移到近边相导线作业）。

（2）下落近边相导线并绑扎。

1）本相作业方法同远边相，略。

2）申请换相作业（转移到导线相间作业：拆除绝缘横担）。

（3）风险预控：通过控制绝缘斗工位，斗内 2 号电工的配合和绑扎线展放长度的控制，消除下落导线到绝缘子顶槽上时人体离横担（接地体）太近以及绑扎线展放长度过长形成的接地风险隐患。

2．标准用语

（1）1 号电工：报告工作负责人，1 号电工已到达工位，请求下落远边相导线并绑扎作业。

（2）工作负责人：明白，同意（下落远边相导线并绑扎作业），注意工位选择。

（3）1 号电工：报告工作负责人，1 号电工下落远边相导线并绑扎作业已完成，请求换相到近边相作业：下落近边相导线并绑扎作业。

（4）工作负责人：明白，同意（下落近边相导线并绑扎作业），注意工位选择。

（5）1 号电工：报告工作负责人，1 号电工下落近边相导线并绑扎作业已完成，请求换相到相间作业：拆除绝缘横担。

（6）工作负责人：明白，同意（换相到相间作业：拆除绝缘横担），注意工位选择。

六、拆除绝缘横担

1．作业标准

（1）斗内 2 号电工调整绝缘斗至间合适位置（略高于横担，然后通过升降装置将绝缘斗调整至合适位置）。

（2）斗内 1 号电工拆除绝缘横担（可通过小吊绳先固定绝缘横担后再拆除）。

（3）申请换相作业（转移到远边相导线作业：拆除绝缘遮蔽用具）。

（4）风险预控：通过控制绝缘斗工位、使用斗的升降装置，以及导线的绝缘遮蔽，消除拆除绝缘横担时人体工位过高进入相间形成的相间短路风险隐患，以及离横担、电杆（接地体）太近形成的接地风险隐患。

2．标准用语

（1）1 号电工：报告工作负责人，1 号电工已到达工位，请求在电杆上拆除绝缘横担。

（2）工作负责人：明白，同意（拆除绝缘横担），注意安全距离。

（3）1 号电工：报告工作负责人，绝缘横担已拆除，请求换相到远边相作业。

（4）工作负责人：明白，同意（换相到远边相作业），注意工位选择。

七、拆除 C 相（远边相）、B 相（中间相）和 A 相（近边相）绝缘遮蔽

1. 作业标准

（1）斗内 1 号电工向工作负责人汇报确认本项更换直线杆绝缘子和横担工作已完成后，按照"先接地体后带电体"的原则，依次拆除"远边相、中间相和近边相"的绝缘遮蔽用具。

（2）步骤 1：拆除远边相"横担、绝缘子和导线"上的绝缘遮蔽用具。

1）横担遮蔽拆除。斗内 2 号电工操作绝缘斗至横担下侧合适位置（低于横担），斗内 1 号电工拆除绝缘毯。拆除遮蔽要点：远离带电体（导线）。

2）绝缘子（含导线）遮蔽拆除。斗内 2 号电工操作绝缘斗至横担外侧合适位置（高于横担），斗内 1 号电工拆除绝缘毯。拆除遮蔽要点：远离接地体（横担）。

3）导线遮蔽拆除。斗内 2 号电工操作绝缘斗至近边相导线外侧合适位置（高于横担），斗内 1 号电工依次拆除导线遮蔽罩。拆除遮蔽要点：远离接地体（横担）。

4）申请换相作业（转移到中间相导线作业）。

（3）步骤 2：拆除中间相"导线、绝缘子和杆顶"上的绝缘遮蔽用具。

1）绝缘子和杆顶（含导线）遮蔽。斗内 2 号电工操作绝缘斗至杆顶外侧合适位置（斗位于横担上方），斗内 1 号电工使用绝缘毯完成对绝缘子和杆顶（含导线）的遮蔽。拆除遮蔽要点：远离接地体（杆顶）。

2）导线遮蔽。斗内 2 号电工操作绝缘斗至中间相导线外侧合适位置（斗位于横担上方），斗内 1 号电工分别用导线遮蔽罩对杆顶两侧导线进行遮蔽。拆除遮蔽要点：远离接地体（杆顶）。

3）申请换相作业（转移到近边相导线作业）。

（4）步骤 3：拆除近边相"横担、绝缘子和导线"上的绝缘遮蔽用具。

1）横担遮蔽拆除。同远边相，略。

2）绝缘子（含导线）遮蔽拆除。同远边相，略。

3）导线遮蔽拆除。同远边相，略。

（5）风险预控：通过控制绝缘斗工位，消除横担（接地体）上的遮蔽用具拆除时人体离导线（带电体）太近、绝缘子上的遮蔽用具拆除时人体离横担（接地体）太近、导线（带电体）上的遮蔽用具拆除时人体离横担（接地体）太近所形成的接地风险隐患。

2. 标准用语

（1）1 号电工：报告工作负责人，1 号电工已到达工位，请求拆除远边相导线、绝缘子和横担遮蔽用具。

（2）工作负责人：明白，同意（拆除远边相导线、绝缘子和横担遮蔽用具），注意工位选择。

（3）1 号电工：报告工作负责人，1 号电工拆除远边相导线、绝缘子和横担遮蔽用具已

完成，请求换相到中间相作业：拆除中间相导线、绝缘子和杆顶遮蔽用具。

（4）工作负责人：明白，同意（拆除中间相导线、绝缘子和杆顶遮蔽用具），注意工位选择。

（5）1号电工：报告工作负责人，1号电工拆除中间相导线、绝缘子和杆顶遮蔽用具已完成，请求换相到近边相作业：拆除近边相导线、绝缘子和横担遮蔽用具。

（6）工作负责人：明白，同意（拆除近边相导线、绝缘子和横担遮蔽用具），注意工位选择。

（7）1号电工：报告工作负责人，1号电工拆除近边相导线、绝缘子和横担遮蔽用具已完成。

（8）工作负责人：明白。

八、检查施工质量确认工作完成，退出作业区域

1. 作业标准

（1）工作完成：斗内1号电工向工作负责人汇报确认本项工作已完成，检查施工质量确认已完成，检查杆上无遗留物，退出作业区域，下落绝缘斗返回地面，斗内作业工作结束。

（2）风险预控：斗内1号电工务必检查确认施工质量、杆上无遗留物后方可退出作业区域。

2. 标准用语

（1）1号电工：报告工作负责人，带电更换直线杆绝缘子及横担工作已完成，施工质量符合要求，杆上无遗留物，请求退出作业区域，返回地面。

（2）工作负责人：明白，同意（退出作业区域，返回地面）。

（3）2号电工：报告工作负责人，绝缘斗臂车已复位，请求返回地面。

（4）工作负责人：明白。

第四章 作业后的终结工作

作业后的终结工作包括：工作开始、清理现场、召开收工会、工作终结、入库办理、资料上报、工作结束。作业后的终结阶段流程如图 4-1 所示。

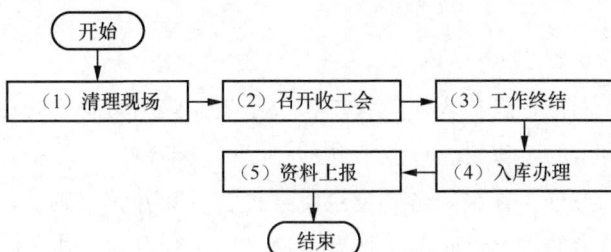

图 4-1 作业后的终结阶段流程图

第一节 清 理 现 场

1. 作业标准

（1）整理工器具：

1）绝缘斗臂车拆除接地线、支腿收回到位；

2）清洁工器具并清点工具器数量；

3）工器具分类装袋、装箱、装车。

（2）清理现场：做到"工完、料尽、场地清"。

（3）风险预控：清理现场务必做到"工完、料尽、场地清"，工器具清洁后放入专用的箱、袋、车中运输。

2. 作业标准

（1）地面电工：报告工作负责人，工器具已清点装箱、装袋、装车中，材料已清理完成，现场无遗留物。

（2）工作负责人：明白。

第二节 召 开 收 工 会

1. 作业标准

（1）工作负责人对完成的工作进行全面检查，符合验收要求后记录在册。

（2）工作负责人组织召开现场收工会进行工作点评，宣布工作结束。

（3）风险预控：工作负责人召开收工会务必再次确认工作已完成、符合验收要求。

2. 标准用语

工作负责人：全体作业班成员请注意，请列队召开收工会：在今天的作业过程中，大家都能严格遵守《安规》落实现场作业安全措施，严格遵照作业指导书（卡）较好地完成了本项工作，无违章违纪现象，希望在今后的工作中继续保持。

第三节 工 作 终 结

1. 作业标准

（1）工作负责人向值班调控人员汇报工作已结束，停用重合闸申请恢复线路重合闸，办理工作终结（已终结的工作票、作业指导书应保存一年）。

（2）风险预控：办理工作终结务必记录终结报告时间并签字确认，申请停用重合闸的务必申请恢复线路重合闸，已终结的工作票加盖"已执行"章，执行的工作票和作业指导书（卡）至少存档保存一年。

2. 标准用语

（1）工作负责人：全体作业班成员请注意：本项工作以全部结束，现办理工作终结手续。

（2）工作负责人：报告调度，我是_____班工作负责人_____，现办理_____作业工作票终结许可，编号_____，申请作业时间_____年___月___日___时___分至_____年___月___日___时___分，现已完成全部工作任务，线路上作业人员已撤离，杆上无遗留物，施工质量符合验收要求，请批准终结工作票。请告知批准时间，请告知批准人。

（3）工作负责人：记录终结时间、签字确认。

（4）工作负责人：全体作业班成员请注意：本项工作终结手续已办理，请大家安全驾车、乘车撤离工作现场，到达驻地及时办理工器具及车辆入库手续并签字确认，资料分类归档并及时上报。

（5）全体作业班成员：明白。

至此，整个作业流程"作业前的准备工作、现场准备工作、现场作业工作和作业后的终结工作"全部结束。

第五章 作业案例分析

10kV 配网不停电作业按其作业方式不同可以分为带电作业、旁路作业以及发电作业工作。目前来说，"带电作业（不停电）、旁路作业（转供电）、发电作业（保供电）以及合环作业（转供电）"等配网不停电作业技术已经得到广泛的推广和应用。生产中，配网不停电作业项目按其作业对象的不同分为：引线类项目、元件类项目、电杆类项目、设备类项目、消缺类（即指普通消缺及装拆附件类）项目、旁路类（即转供电类）项目、取电类（即临时供电类）项目以及发电类（即移动电源车临时供电类）项目。下面按照"人员配置、工器具配备、风险管控、作业流程"几个方面对其作业案例分析说明。

第一节 引线类项目

10kV 配网不停电作业"引线类项目"常见的有：

（1）带电"断、接"熔断器上引线；

（2）带电"断、接"分支线路引线；

（3）带电"断、接"耐张杆引线；

（4）带电"断、接"空载电缆线路与架空线路连接引线等。

一、人员配置

常见的引线类作业项目人员配置示意图如图 5-1 所示，绝缘杆作业法（登杆作业）项目人员配置见表 5-1，绝缘保护手套作业法（绝缘斗臂车作业）项目人员配置见表 5-2。

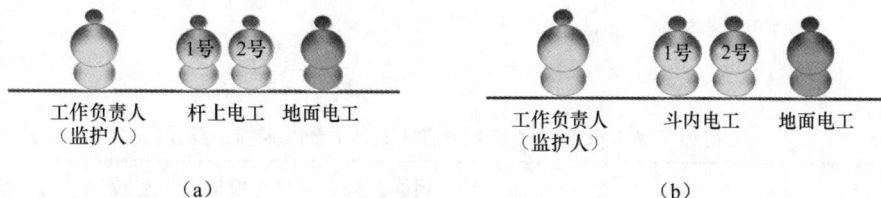

工作负责人　　杆上电工　地面电工
（监护人）

（a）

工作负责人　　斗内电工　地面电工
（监护人）

（b）

图 5-1　常见的引线类作业项目人员配置示意图

（a）绝缘杆作业法（登杆作业）项目；

（b）绝缘杆作业法或绝缘保护手套作业法（绝缘斗臂车作业）项目

表 5-1 绝缘杆作业法（登杆作业）项目人员配置

序号	责任人	人数	分工	备注
1	工作负责人（监护人）	1	执行配电带电作业工作票，组织、指挥带电作业工作，作业中全程监护和落实作业现场安全措施	
2	杆上电工	2	杆上 1 号电工：负责带电断、接引线工作。杆上 2 号辅助电工：配合杆上 1 号电工作业	
3	地面电工	1	负责地面工作，配合杆上电工作业	

表 5-2 绝缘保护手套作业法（绝缘斗臂车作业）项目人员配置

序号	责任人	人数	分工	备注
1	工作负责人（监护人）	1	执行配电带电作业工作票，组织、指挥带电作业工作，作业中全程监护和落实作业现场安全措施	
2	斗内电工	2	斗内 1 号电工：负责带电断、接引线工作。斗内 2 号辅助电工：配合斗内 1 号电工作业	
3	地面电工	1	负责地面工作，配合斗内电工作业	

二、工器具配置

1. 特种车辆和登杆工具

特种车辆和登杆工具如图 5-2 所示，特种车辆（移动库房车）和登杆工具（金属脚扣）配置见表 5-3。

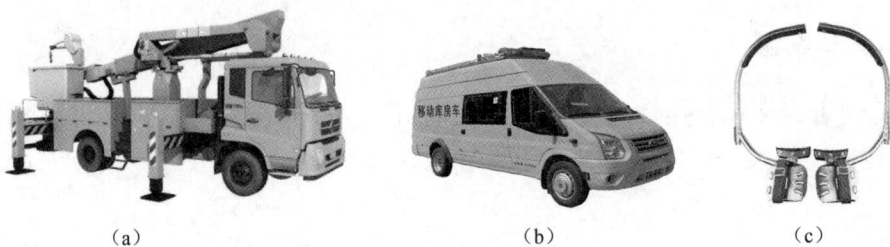

（a） （b） （c）

图 5-2 特种车辆和登杆工具

（a）绝缘斗臂车；（b）移动库房车；（c）金属脚扣

表 5-3 特种车辆（移动库房车）和登杆工具（金属脚扣）配置

序号	名称		规格、型号	单位	数量	备注
1	特种车辆	绝缘斗臂车	10kV	辆	1	
2		移动库房车		辆	1	
3	登杆工具	金属脚扣	12～18m 电杆用	副	2	

2. 个人绝缘防护用具

个人绝缘防护用具如图 5-3 所示，个人绝缘防护用具配置见表 5-4。

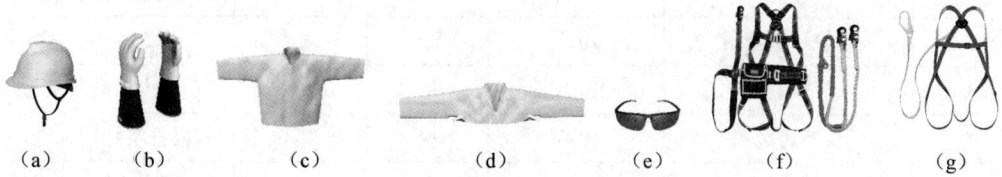

图 5-3　个人绝缘防护用具

（a）绝缘安全帽；（b）绝缘保护手套+羊皮或仿羊皮保护手套；（c）绝缘服；（d）绝缘披肩；（e）护目镜；
（f）登杆用安全带；（g）绝缘斗臂车用安全带

表 5-4　　　　　　　　　　　　　　个人绝缘防护用具配置

序号	名称	规格、型号	单位	数量	备注
1	绝缘安全帽	10kV	顶	2	
2	绝缘保护手套	10kV	双	2	戴防刺穿保护手套
3	绝缘披肩（绝缘服）	10kV	件	2	根据现场情况选择
4	护目镜		副	2	
5	登杆用安全带		副	2	有后背保护绳
6	绝缘斗臂车用安全带		副	2	有后背保护绳

3. 绝缘遮蔽用具

绝缘遮蔽用具如图 5-4 所示，绝缘遮蔽用具配置见表 5-5。

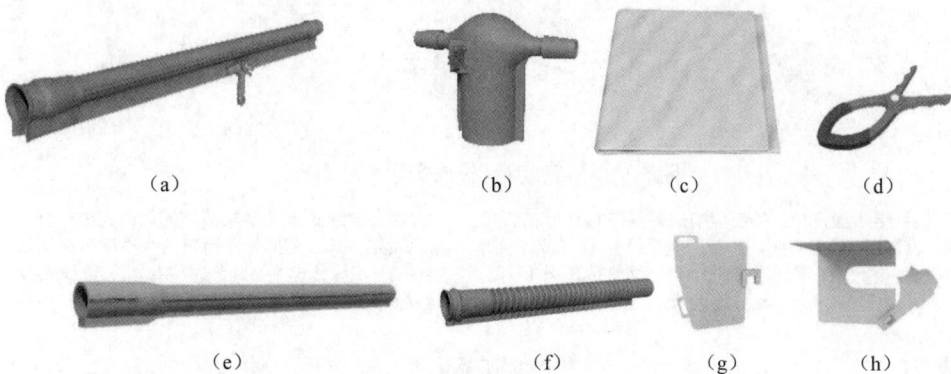

图 5-4　绝缘遮蔽用具

（a）绝缘杆式导线遮蔽罩；（b）绝缘杆式绝缘子遮蔽罩；（c）绝缘毯；（d）绝缘毯夹；（e）导线遮蔽罩；
（f）引线遮蔽罩（根据实际情况选用）；（g）绝缘隔板 1（相间）；（h）绝缘隔板 2（相地）

4. 绝缘工具

绝缘工具如图 5-5 所示，配置见表 5-6。

表 5-5   绝缘遮蔽用具配置

序号	名称	规格、型号	单位	数量	备注
1	导线遮蔽罩	10kV	个	3	绝缘杆作业法用
2	绝缘子遮蔽罩	10kV	个	2	绝缘杆作业法用
3	导线遮蔽罩	10kV	根	6	不少于配备数量
4	引线遮蔽罩	10kV	根	6	根据实际情况选用
5	绝缘毯	10kV	块	6	不少于配备数量
6	绝缘毯夹		个	12	不少于配备数量
7	绝缘隔板1（相间）	10kV	个	3	根据实际情况选用
8	绝缘隔板2（相地）	10kV	个	3	根据实际情况选用

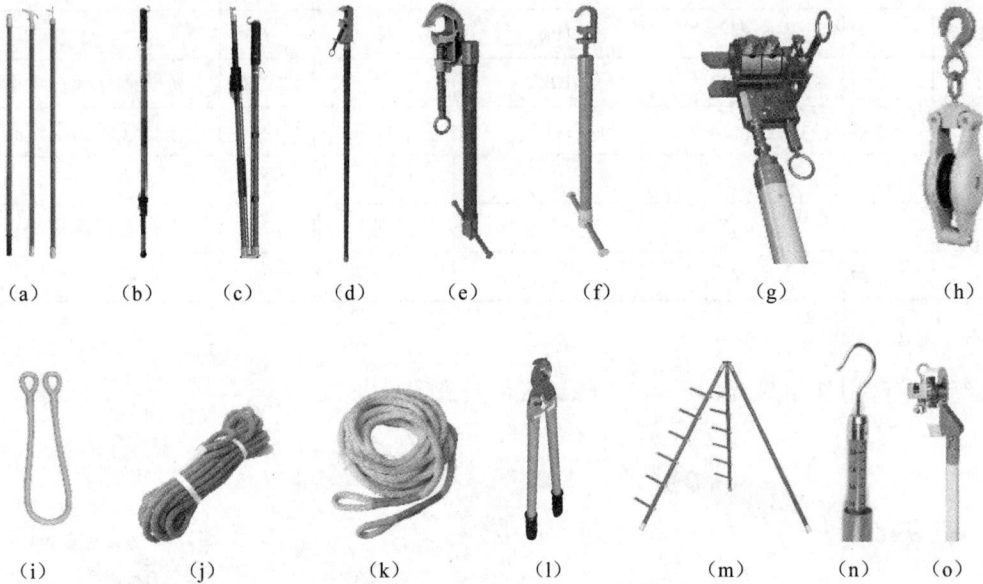

(a)   (b)   (c)   (d)   (e)   (f)   (g)   (h)

(i)   (j)   (k)   (l)   (m)   (n)   (o)

图 5-5   绝缘工具（根据实际工况选择）

（a）绝缘操作杆；（b）伸缩式绝缘锁杆（射枪式操作杆）；（c）伸缩式折叠绝缘锁杆（射枪式操作杆）；（d）绝缘（双头）锁杆；（e）绝缘吊杆1；（f）绝缘吊杆2；（g）并购线夹拆除专用工具（根据线夹选择）；（h）绝缘滑车；（i）绝缘绳套；（j）绝缘传递绳1（防潮型）；（k）绝缘传递绳2（普通型）；（l）绝缘断线剪；（m）绝缘工具支架；（n）绝缘测量杆；（o）绝缘导线剥皮器（推荐使用电动式）

表 5-6   绝缘工具配置

序号	名称	规格、型号	单位	数量	备注
1	绝缘滑车	10kV	个	1	绝缘传递绳用
2	绝缘绳套	10kV	个	1	挂滑车用
3	绝缘传递绳	10kV	根	1	$\phi\,12\text{mm} \times 15\text{m}$

序号	名称	规格、型号	单位	数量	备注
4	绝缘（双头）锁杆	10kV	个	1	可同时锁定两根导线
5	伸缩式绝缘锁杆	10kV	个	1	射枪式操作杆
6	绝缘吊杆	10kV	个	3	临时固定引线用
7	绝缘操作杆	10kV	个	1	
8	绝缘断线剪	10kV	个	1	
9	线夹装拆工具	10kV	套	1	根据线夹类型选择
10	绝缘支架		个	1	放置绝缘工具用
11	绝缘测量杆	10kV	个	1	
12	绝缘导线剥皮器	10kV	套	1	绝缘杆作业法用

5. 金属工具

金属工具如图 5-6 所示，金属工具配置见表 5-7。

图 5-6 金属工具（根据实际工况选择）

（a）电动断线切刀；（b）棘轮切刀；（c）绝缘导线剥皮器；（d）液压钳

表 5-7 金属工具配置

序号	名称	规格、型号	单位	数量	备注
1	电动断线切刀或棘轮切刀		个	1	根据实际情况选用
2	绝缘导线剥皮器		个	1	
3	压接用液压钳		个	1	根据实际情况选用

6. 旁路设备

旁路设备如图 5-7 所示，旁路设备配置见表 5-8。

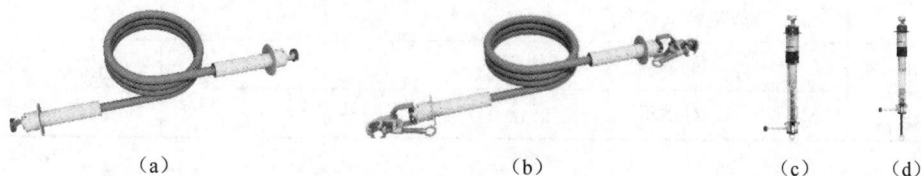

图 5-7 旁路设备（根据实际工况选择）

（a）绝缘引流线+旋转式紧固手柄；（b）绝缘引流线+马镫线夹；（c）带电作业用消弧开关合闸位置；
（d）带电作业用消弧开关分闸位置

表 5-8   旁路设备配置

序号	名称	规格、型号	单位	数量	备注
1	带电作业用消弧开关	10kV	个	3	根据实际情况选择个数
2	绝缘引流线	10kV	根	3	根据实际情况选择根数

7. 仪器仪表

仪器仪表如图 5-8 所示，仪器仪表配置见表 5-9。

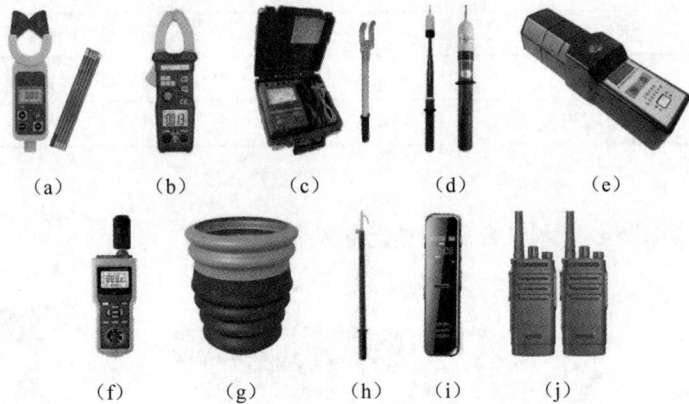

图 5-8 仪器仪表（根据实际工况选择）

（a）绝缘杆式电流检测仪；（b）钳形电流表；（c）绝缘电阻测试仪+电极板；（d）高压验电器；（e）工频高压发生器；（f）风速湿度仪；（g）绝缘保护手套充压气检测器；（h）放电棒（带线）；（i）录音笔；（j）对讲机

表 5-9   仪器仪表配置

序号	名称	规格、型号	单位	数量	备注
1	电流检测仪或钳形电流表	10kV	套	1	推荐绝缘杆电流检测仪
2	绝缘电阻测试仪	2500V 及以上	套	1	含电极板
3	高压验电器	10kV	个	1	
4	工频高压发生器	10kV	个	1	
5	风速湿度仪		个	1	
6	绝缘保护手套充压气检测器		个	1	
7	放电棒（带线）		套	1	
8	录音笔				记录作业对话用
9	对讲机	户外无线手持	台	3	杆上杆下监护指挥用

8. 其他和材料

其他如图 5-9 所示，材料如图 5-10 所示，其他和材料配置见表 5-10。

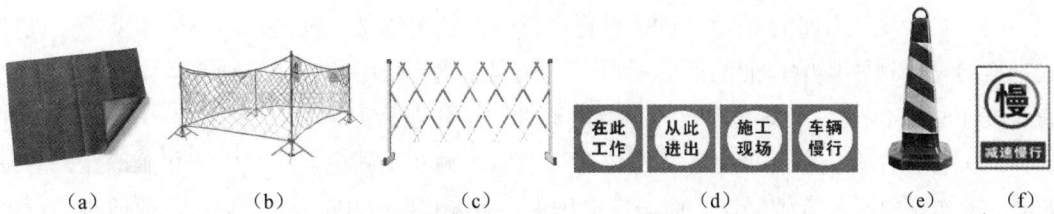

图 5-9 其他（根据实际工况选择）

（a）防潮苫布；（b）安全围栏 1；（c）安全围栏 1；（d）警告标志；（e）路障；（f）减速慢行标志

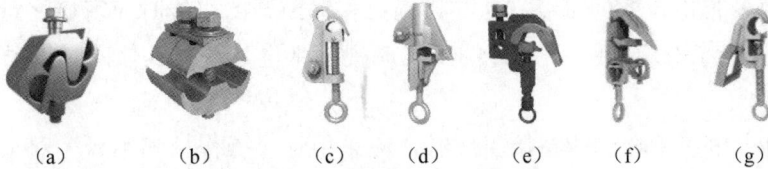

图 5-10 材料（根据实际工况选择，线夹推荐猴头线夹）

（a）螺栓 J 型线夹；（b）并沟线夹；（c）猴头线夹型式 1；（d）猴头线夹型式 2；（e）猴头线夹型式 3；
（f）猴头线夹型式 4；（g）马镫线夹型式 1

表 5-10 其他和材料配置

序号		名称	规格、型号	单位	数量	备注
1		防潮苫布		块	若干	根据现场情况选择
2		个人手工工具		套	1	推荐用绝缘手工工具
3	其他	安全围栏		组	1	
4		警告标志		套	1	
5		路障和减速慢行标志		组	1	
6	材料	搭接线夹		个	3	根据现场情况选择

三、风险管控

1. 绝缘杆作业法

（1）杆上电工登杆作业应正确使用安规规定的安全带，到达安全作业工位后（远离带电体保持足够的安全作业距离），应将个人使用的后备保护绳（二防绳）安全可靠地固定在电杆合适位置上。

（2）杆上电工在电杆或横担上悬挂（拆除）绝缘传递绳时，应使用绝缘操作杆在确保安全作业距离的前提下进行。

（3）采用绝缘杆作业法（登杆）作业时，杆上电工应根据作业现场的实际工况正确穿戴绝缘防护用具，做好人身安全防护工作。

（4）个人绝缘防护用具使用前必须进行外观检查，绝缘保护手套使用前必须进行充（压）气检测，确认合格后方可使用。带电作业过程中，禁止摘下绝缘防护用具。

（5）杆上电工作业过程中，包括设置（拆除）绝缘遮蔽（隔离）用具的作业中，站位选择应合适，在不影响作业的前提下，应确保人体远离带电体，手持绝缘操作杆的有效绝缘长度不小于0.7m、人体与带电体保持足够的安全作业距离。

（6）杆上作业人员伸展身体各部位有可能同时触及不同电位（带电体和接地体）的设备时，或作业中不能有效保证人体与带电体最小0.4m以上的安全距离时，作业前必须对带电体进行绝缘遮蔽（隔离），遮蔽用具之间的重叠部分不得小于150mm。

（7）杆上电工配合作业断引线时，应采用绝缘操作杆和绝缘（双头）锁杆防止断开的引线摆动碰及带电设备的可靠方法与措施；移动断开的引线时应密切注意与带电体保持可靠的安全距离（0.4m）；已断开的引线应视为带电，严禁人体同时接触两个不同的电位体。

（8）杆上电工配合作业搭接引线时，应采用绝缘操作杆和绝缘（双头）锁杆防止搭接的引线摆动碰及带电设备的可靠方法与措施；移动搭接的引线时应密切注意与带电体保持可靠的安全距离（0.4m）；未搭接的引线应视为带电，严禁人体同时接触两个不同的电位体。

2. 绝缘保护手套作业法

（1）进入绝缘斗内的作业人员必须穿戴个人绝缘防护用具（绝缘保护手套、绝缘服或绝缘披肩等），做好人身安全防护工作。使用的安全带应有良好的绝缘性能，起臂前安全带保险钩必须系挂在斗内专用挂钩上。

（2）个人绝缘防护用具使用前必须进行外观检查，绝缘保护手套使用前必须进行充（压）气检测，确认合格后方可使用。带电作业过程中，禁止摘下绝缘防护用具。

（3）绝缘斗臂车使用前应可靠接地。作业中的绝缘斗臂车绝缘臂伸出的有效绝缘长度不小于1.0m。

（4）斗内电工对带电作业中可能触及的带电体和接地体设置绝缘遮蔽（隔离）措施时，缘遮蔽（隔离）的范围应比作业人员活动范围增加0.4m以上，绝缘遮蔽用具之间的重叠部分不得小于150mm，遮蔽措施应严密与牢固。

（5）斗内电工按照"先外侧（近边相和远边相）、后内侧（中间相）"的顺序依次进行同相绝缘遮蔽（隔离）时，应严格遵循"先带电体后接地体"的原则。绝缘斗内双人作业时，禁止在不同相或不同电位同时作业进行绝缘遮蔽（隔离）。

（6）斗内电工作业时严禁人体同时接触两个不同的电位体，包括设置（拆除）绝缘遮蔽（隔离）用具的作业中，作业工位的选择应合适，在不影响作业的前提下，人身务必与带电体和接地体保持一定的安全距离，以防斗内电工作业过程中人体串入电路。绝缘斗内双人作业时，禁止同时在不同相或不同电位作业。

（7）斗内电工按照"先内侧（中间相）、后外侧（近边相和远边相）"的顺序依次拆除同相绝缘遮蔽（隔离）用具时，应严格遵循"先接地体后带电体"的原则。绝缘斗内双人作业时，禁止在不同相或不同电位同时作业进行绝缘遮蔽用具的拆除。

（8）对于绝缘保护手套作业法带电断开引线作业：①斗内电工配合作业断开引线时，应采用绝缘（双头）锁杆防止断开的引线摆动碰及带电设备的可靠方法与措施，移动断开的引线时应密切注意与带电体保持可靠的安全距离（0.4m）。②严禁人体同时接触两个不同的电位体，断开主线引线时严禁人体串入电路，已断开的引线应视为带电。

（9）对于绝缘保护手套作业法带电搭接引线作业：①斗内电工配合作业安装引线时，应采用绝缘（双头）锁杆防止搭接的引线摆动碰及带电设备的可靠方法与措施；移动搭接的引线时应密切注意与带电体保持可靠的安全距离（0.4m）。②严禁人体同时接触两个不同的电位体，搭接主线引线时严禁人体串入电路，未接入的引线应视为带电。

（10）对于带电断空载电缆线路连接引线作业：①带电断空载电缆线路连接引线之前，应与运行部门共同确定电缆负荷侧开关（断路器或隔离开关等）处于断开位置。②斗内电工进入带电作业区域前，确认电缆引线空载电流不大于 5A。当空载电流大于 0.1A、小于 5A 时，应用消弧开关断架空线路与空载电缆线路引线。③安装消弧开关与电缆终端接线端子处（或支柱型避雷器处）间的绝缘引流线时，应先接无电端、再接有电端；拆除绝缘引流线时，应先拆有电端、再拆无电端。④使用消弧开关前应确认消弧开关在断开位置并闭锁，防止其突然合闸；拉合消弧开关前应再次确认接线正确无误，防止相位错误引发短路。其中，消弧开关的合闸（合）、分闸（断）状态，应通过其操作机构位置（或灭弧室动静触头相对位置）以及用电流检测仪测量电流的方式综合判断。

（11）对于带电接空载电缆线路连接引线作业：①带电接空载电缆线路连接引线之前，应与运行部门共同确定电缆负荷侧开关（断路器或隔离开关等）处于断开位置。空载电缆长度应不大于 3km。②斗内电工对电缆引线验电后，应使用绝缘电阻检测仪检查电缆是否空载且无接地。③安装消弧开关与电缆终端接线端子处（或支柱型避雷器处）间的绝缘引流线时，应先接无电端、再接有电端；拆除绝缘引流线时，应先拆有电端、再拆无电端。④使用消弧开关前应确认消弧开关在断开位置并闭锁，防止其突然合闸；拉合消弧开关前应再次确认接线正确无误，防止相位错误引发短路。其中，消弧开关的合闸（合）、分闸（断）状态，应通过其操作机构位置（或灭弧室动静触头相对位置）以及用电流检测仪测量电流的方式综合判断。

四、现场准备工作（见表5-8）

表 5-11　　　　　　　　　　　　　　现场准备工作

序号	作业内容	步骤及要求	备注
1	现场复勘	步骤1：工作负责人核对线路名称和杆号正确，工作任务无误、安全措施到位、熔断器已断开、熔管已取下、作业装置和现场环境符合带电作业条件。 步骤2：工作班成员确认天气良好，实测风速___级（不大于5级）、湿度___%（不大于80%），符合作业条件。	

续表

序号	作业内容	步骤及要求	备注
1	现场复勘	步骤3：工作负责人根据复勘结果告知工作班成员：现场具备安全作业条件，可以开展工作	
2	设置安全围栏和警示标志	步骤1：工作班成员依据作业空间设置硬质安全围栏，包括围栏的出入口。 步骤2：工作班成员设置"从此进出、施工现场、车辆慢行或车辆绕行"等警示标志或路障。 步骤3：根据现场实际工况，增设临时交通疏导人员，应穿戴反光衣	
3	工作许可，召开站班会	步骤1：工作负责人向值班调控人员或运维人员申请工作许可和停用重合闸许可，记录许可方式、工作许可人和许可工作（联系）时间，并签字确认。 步骤2：工作负责人召开站班会宣读工作票。 步骤3：工作负责人确认工作班成员对工作任务、危险点预控措施和任务分工都已知晓，履行工作票签字、确认手续，记录工作开始时间	
4	摆放和检查工器具，准备杆上（斗内）工作	采用绝缘杆作业法时： 步骤1：工作班成员将工器具分区摆放在防潮帆布上。 步骤2：工作班成员按照分工擦拭并外观检查工器具完好无损，绝缘工具绝缘电阻值检测不低于 700MΩ，绝缘保护手套充（压）气检测不漏气，脚扣、安全带冲击试验检测安全。 步骤3：杆上电工穿戴好绝缘防护用具，准备开始登杆作业 采用绝缘保护手套作业法时： 步骤1：工作班成员将工器具分区摆放在防潮帆布上。 步骤2：工作班成员按照分工擦拭并外观检查工器具完好无损，绝缘工具绝缘电阻值检测不低于 700MΩ，绝缘保护手套充（压）气检测不漏气，安全带冲击试验检测安全。 步骤3：斗内电工擦拭并外观检查绝缘斗臂车的绝缘斗和绝缘臂外观完好无损，空斗试操作运行正常（升降、伸缩、回转等）。 步骤4：斗内电工穿戴好绝缘防护用具进入绝缘斗、挂好安全带保险钩，地面电工将绝缘遮蔽用具和可携带的工具入斗。 步骤5：斗内电工按照"先抬臂（离支架）、再伸臂（1m 线）、加旋转"的动作，操作绝缘斗准备起臂进入带电作业区域	

五、现场作业工作

1. 绝缘杆作业法（登杆作业）带电断熔断器上引线作业

绝缘杆作业法（登杆作业）带电断熔断器上引线作业，以图 5-11 所示的直线分支杆（有熔丝支接装置，三角排列）为例，其现场作业工作见表 5-12。

图 5-11 直线分支杆（有熔丝支接装置，三角排列）示意图

表 5-12　　　　　　　　　　　　　　现场作业工作

序号	作业内容	步骤及要求	备注
1	工作开始，进入带电作业区域，验电	步骤 1：获得工作负责人许可后，杆上电工穿戴好绝缘防护用，携带绝缘传递绳登杆至合适位置，将个人使用的后备保护绳（二防绳）系挂在电杆合适位置上。 步骤 2：杆上电工使用验电器对绝缘子、横担进行验电，确认无漏电现象汇报给工作负责人，连同现场检测的风速、湿度一并记录在工作票备注栏内。 步骤 3：杆上电工在确保安全距离的前提下，使用绝缘操作杆挂好绝缘传递绳	
2	断熔断器上引线	【方法 1】：剪断引线法断熔断器上引线。 步骤 1：杆上电工使用绝缘锁杆将绝缘吊杆（推荐选用）固定在近边相线夹附近的主导线上。 步骤 2：杆上电工使用绝缘锁杆将待断开的熔断器上引线临时固定在主导线上。 步骤 3：杆上电工使用绝缘断线剪剪断上引线与主导线的连接。 步骤 4：杆上电工使用绝缘锁杆使引线脱离主导线并将上引线缓缓放下，临时固定在绝缘吊杆的横向支杆上。 步骤 5：杆上电工使用绝缘锁杆将开口式遮蔽罩套在中间相引线侧的近边相主导线和绝缘子上。 步骤 6：按相同的方法拆除远边相熔断器上引线，完成后同样使用绝缘锁杆将开口式遮蔽罩套在中间相引线侧的远边相主导线和绝缘子上。 步骤 7：按相同的方法拆除中间相熔断器上引线。 步骤 8：杆上电工使用绝缘断线剪分别在熔断器上接线柱处将上引线剪断并取下。 步骤 9：杆上电工使用绝缘锁杆拆除两边相主导线上的导线遮蔽罩和绝缘子遮蔽罩。 步骤 10：杆上电工拆除三相导线上的绝缘吊杆。 【方法 2】：拆除线夹法断熔断器上引线。 步骤 1：杆上电工使用绝缘锁杆将绝缘吊杆（推荐选用）固定在近边相线夹附近的主导线上。 步骤 2：杆上电工使用绝缘锁杆将待断开的熔断器上引线临时固定在主导线上。	

序号	作业内容	步骤及要求	备注
2	断熔断器上引线	步骤 3：杆上电工相互配合使用线夹装拆工具拆除熔断器上引线与主导线的连接。 步骤 4：杆上电工使用绝缘锁杆将熔断器上引线缓缓放下，临时固定在绝缘吊杆的横向支杆上。 步骤 5：杆上电工使用绝缘锁杆将开口式遮蔽罩套在中间相引线侧的近边相主导线和绝缘子上。 步骤 6：按相同的方法拆除远边相熔断器上引线，完成后同样使用绝缘锁杆将开口式遮蔽罩套在中间相引线侧的远边相主导线和绝缘子上。 步骤 7：按相同的方法拆除中间相熔断器上引线。 步骤 8：杆上电工使用绝缘断线剪分别在熔断器上接线柱处将上引线剪断并取下。 步骤 9：杆上电工使用绝缘锁杆拆除两边相主导线上的导线遮蔽罩和绝缘子遮蔽罩。 步骤 10：杆上电工拆除三相导线上的绝缘吊杆。 【说明】：生产中如引线与主导线由于安装方式和锈蚀等原因不易拆除，可直接在主导线搭接位置处剪断引线的方式进行，同时做好防止引线摆动的措施	
3	工作完成，退出带电作业区域	步骤 1：杆上电工向工作负责人汇报确认本项工作已完成。 步骤 2：检查杆上无遗留物，杆上电工返回地面，工作结束	

2. 绝缘杆作业法（登杆作业）带电接分支线路引线作业

绝缘杆作业法（登杆作业）带电接分支线路引线作业，以图 5-12 所示的直线分支杆（无熔丝支接装置，三角排列）为例，其现场作业工作见表 5-13。

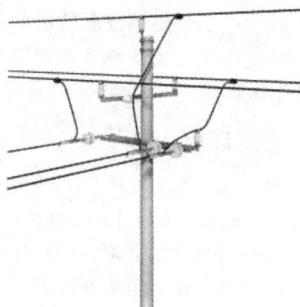

图 5-12 直线分支杆（无熔丝支接装置，三角排列）示意图

表 5-13 现场作业工作

序号	作业内容	步骤及要求	备注
1	工作开始，进入带电作业区域，验电	步骤 1：获得工作负责人许可后，杆上电工穿戴好绝缘防护用，携带绝缘传递绳登杆至合适位置，将个人使用的后备保护绳（二防绳）系挂在电杆合适位置上。	

续表

序号	作业内容	步骤及要求	备注
1	工作开始，进入带电作业区域，验电	步骤2：杆上电工使用验电器对绝缘子、横担进行验电，确认无漏电现象。使用绝缘测试仪分别检测三相待接引流线对地绝缘良好，并确认空载汇报给工作负责人，连同现场检测的风速、湿度一并记录在工作票备注栏内。 步骤3：杆上电工在确保安全距离的前提下，使用绝缘操作杆挂好绝缘传递绳	
2	（测量引线长度）接分支线路引线	【方法】：安装线夹法接分支线路引线。 步骤1：杆上电工使用绝缘测量杆测量三相分支线路引线长度，按照测量长度切断三相引线、剥除三相引线搭接处的绝缘层和清除其上的氧化层。 步骤2：杆上电工使用绝缘导线剥皮器依次剥除三相导线搭接处（距离横担不小于 0.6～0.7m）的绝缘层并清除导线上的氧化层。 步骤3：杆上电工使用绝缘锁杆将绝缘吊杆依次固定在引线搭接处附近的三相主导线上。 步骤4：杆上电工使用绝缘锁杆将三相引线固定在绝缘吊杆的横向支杆上。 步骤5：杆上电工使用绝缘锁杆分别将硬质遮蔽罩套在中间相引线侧的两边相主导线和绝缘子上。 步骤6：杆上电工使用绝缘锁杆锁住中间相引线待搭接的一端，提升至引线搭接处的主导线上可靠固定。 步骤7：杆上电工配合使用线夹安装工具安装线夹，引线与导线可靠连接后撤除绝缘锁杆和绝缘吊杆。 步骤8：杆上电工使用绝缘锁杆拆除两边相主导线上的导线遮蔽罩和绝缘子遮蔽罩。 步骤9：其余两边相引线的搭接按相同的方法进行，三相引线的搭接可按先中间相、再两边相的顺序进行，或根据现场工况选择	
3	工作完成，退出带电作业区域	步骤1：杆上电工向工作负责人汇报确认本项工作已完成。 步骤2：检查杆上无遗留物，杆上电工返回地面，工作结束	

3. 绝缘保护手套作业法（斗臂车作业）带电断熔断器上引线作业

绝缘保护手套作业法（斗臂车作业）带电断熔断器上引线作业，以图 5-13 所示的柱上变压器杆为例，其现场作业工作见表 5-14。

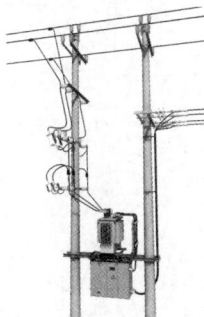

图 5-13　柱上变压器杆示意图

表 5-14 现场作业工作

序号	作业内容	步骤及要求	备注
1	进入带电作业区域,验电,设置绝缘遮蔽措施	步骤1:斗内电工调整绝缘斗至合适位置,使用验电器对绝缘子、横担进行验电,确认无漏电现象汇报给工作负责人,连同现场检测的风速、湿度一并记录在工作票备注栏内。 步骤2:斗内电工调整绝缘斗至近边相导线外侧适当位置,按照"从近到远、从下到上、先带电体后接地体"的遮蔽原则,以及"近边相、中间相、远边相"的遮蔽顺序,依次对作业范围内的导线进行绝缘遮蔽,绝缘遮蔽线夹前将绝缘吊杆固定在线夹附近的主导线上	
2	断熔断器上引线	方法:(在导线处)拆除线夹法断熔断器上引线。 步骤1:斗内电工调整绝缘斗至近边相合适位置,打开线夹处的绝缘毯,使用绝缘锁杆将待断开的熔断器上引线临时固定在主导线上后拆除线夹。 步骤2:斗内电工调整工作位置后,使用绝缘锁杆将熔断器上引线缓缓放下,临时固定在绝缘吊杆的横向支杆上,完成后使用绝缘毯恢复线夹处的绝缘遮蔽。如导线为绝缘线,分支线路引线拆除后应恢复导线的绝缘。 步骤3:其余两相引线的拆除按相同的方法进行,三相引线的拆除可按先两边相、再中间相的顺序进行,或根据现场工况选择。 步骤4:三相引线全部拆除后统一盘圈后临时固定在同相引线上,以备后用。 生产中如引线与主导线由于安装方式和锈蚀等原因不易拆除,可直接在主导线搭接位置处剪断引线的方式进行,同时做好防止引线摆动的措施	
3	拆除绝缘遮蔽,退出带电作业区域	步骤1:斗内电工向工作负责人汇报确认本项工作已完成。 步骤2:斗内电工转移绝缘斗至合适作业位置,按照"从远到近、从上到下、先接地体后带电体"的原则,以及"远边相、中间相、近边相"的顺序(与遮蔽相反),拆除绝缘遮蔽和绝缘吊杆。 步骤3:斗内电工检查杆上无遗留物后,操作绝缘斗退出带电作业区域,返回地面,配合地面人员卸下斗内工具,收回绝缘斗臂车支腿(包括接地线和垫板),斗内工作结束	

4. 绝缘保护手套作业法(斗臂车作业)带电接分支线路引线作业

绝缘保护手套作业法(斗臂车作业)带电接分支线路引线作业,以图 5-14 所示的直线分支杆(无熔丝支接装置,三角排列)为例,其现场作业工作见表 5-15。

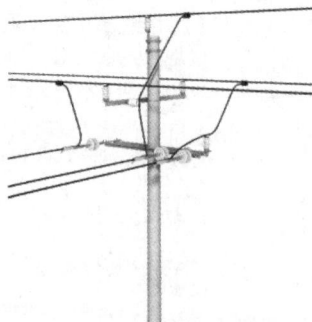

图 5-14 直线分支杆(无熔丝支接装置,三角排列)示意图

表 5-15　　　　　　　　　　　　　现场作业工作

序号	作业内容	步骤及要求	备注
1	进入带电作业区域，验电，设置绝缘遮蔽措施	步骤 1：斗内电工穿戴好绝缘防护用具，经工作负责人检查合格后进入绝缘斗、挂好安全带保险钩。 步骤 2：斗内电工调整绝缘斗至合适位置，使用验电器对绝缘子、横担进行验电，确认无漏电现象。使用绝缘测试仪分别检测三相待接引流线对地绝缘良好汇报给工作负责人，连同现场检测的风速、湿度一并记录在工作票备注栏内。 步骤 3：斗内电工调整绝缘斗至近边相导线外侧适当位置，按照"从近到远、从下到上、先带电体后接地体"的遮蔽原则，以及"近边相、中间相、远边相"的遮蔽顺序，依次对作业范围内的导线进行绝缘遮蔽，引线搭接处（距离横担不小于 0.6~0.7m）使用绝缘毯进行遮蔽，遮蔽前先将绝缘吊杆固定在搭接处附近的主导线上	
2	（测量引线长度）接分支线路引线	方法：（在导线处）安装线夹法接分支线路引线。 步骤 1：斗内电工调整绝缘斗至分支线路横担外侧适当位置，使用绝缘测量杆测量三相引线长度，按照测量长度切断分支线路引线、剥除引线搭接处的绝缘层和清除其上的氧化层。 步骤 2：斗内电工使用绝缘锁杆将三相引线固定在绝缘吊杆的横向支杆上。 步骤 3：斗内电工打开中间相分支线路引线搭接处的绝缘毯，使用绝缘导线剥皮器剥除搭接处的绝缘层并清除导线上的氧化层。 步骤 4：斗内电工使用绝缘锁杆锁住中间相分支线路引线待搭接的一端，提升至引线搭接处主导线上可靠固定。 步骤 5：斗内电工根据实际工况安装不同类型的接续线夹，分支线路引线与主导线可靠连接后撤除绝缘锁杆和绝缘吊杆，完成后恢复接续线夹处的绝缘、密封和绝缘遮蔽。 步骤 6：其余两相引线的搭接按相同的方法进行，三相引线的搭接可按先中间相、再两边相的顺序进行，或根据现场工况选择	
3	拆除绝缘遮蔽，退出带电作业区域	步骤 1：斗内电工向工作负责人汇报确认本项工作已完成。 步骤 2：斗内电工转移绝缘斗至合适作业位置，按照"从远到近、从上到下、先接地体后带电体"的原则，以及"远边相、中间相、近边相"的顺序（与遮蔽相反），拆除绝缘遮蔽。 步骤 3：斗内电工检查杆上无遗留物后，操作绝缘斗退出带电作业区域，返回地面，配合地面人员卸下斗内工具，收回支腿（包括接地线和垫板），斗内工作结束	

5. 绝缘保护手套作业法（斗臂车作业）带电断空载电缆线路引线作业

　　绝缘保护手套作业法（斗臂车作业）带电断空载电缆线路引线作业，以图 5-15 所示的电缆引下杆（终端杆，安装支柱型避雷器）为例，其现场作业工作见表 5-16。

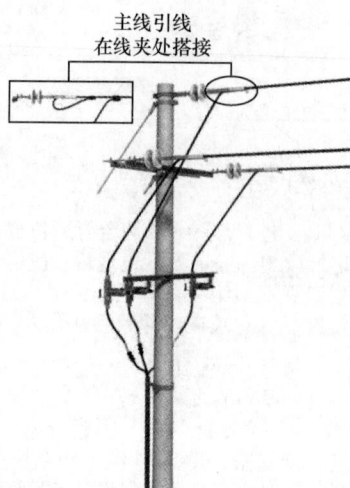

图 5-15 电缆引下杆（终端杆，安装支柱型避雷器）示意图

表 5-16   现场作业工作

序号	作业内容	步骤及要求	备注
1	进入带电作业区域，验电，设置绝缘遮蔽措施	步骤1：斗内电工穿戴好绝缘防护用具，经工作负责人检查合格后进入绝缘斗、挂好安全带保险钩。 步骤2：斗内电工调整绝缘斗至合适位置，使用验电器对绝缘子、横担进行验电，确认无漏电现象，使用电流检测仪测量三相出线电缆的电流（空载电流不大于5A），确认电缆空载汇报给工作负责人，连同现场检测的风速、湿度一并记录在工作票备注栏内。 步骤3：斗内电工调整绝缘斗至近边相导线外侧适当位置，按照"从近到远、从下到上、先带电体后接地体"的遮蔽原则，以及"近边相、中间相、远边相"的遮蔽顺序，依次对作业范围内的导线进行绝缘遮蔽，选用绝缘吊杆法临时固定引线和支撑绝缘引流线，遮蔽前先将绝缘吊杆固定在搭接线夹附近的主导线上	
2	断空载电缆线路引线	方法：（在导线处）拆除线夹法断空载电缆线路引线。 步骤1：斗内电工调整绝缘斗至近边相导线外侧合适位置，检查确认消弧开关在断开位置并闭锁后，将消弧开关挂接到近边相导线合适位置上，完成后恢复挂接处的绝缘遮蔽措施。如导线为绝缘线，应先剥除导线上消弧开关挂接处的绝缘层，消弧开关拆除后恢复导线的绝缘及密封。 步骤2：斗内电工转移绝缘斗至消弧开关外侧合适位置，先将绝缘引流线的一端线夹与消弧开关下端的横向导电杆连接可靠后，再将绝缘引流线的另一端线夹与同相电缆终端接线端子上，或直接连接到支柱型避雷器的验电接地杆上，完成后恢复绝缘遮蔽。选用绝缘吊杆，绝缘引流线挂接前可先支撑在绝缘吊杆的横向支杆上。挂接绝缘引流线时，应先接消弧开关端（无电端）、再接电缆引线端（有电端）。 步骤3：斗内电工检查无误后取下安全销钉，用绝缘操作杆合上消弧开关并插入安全销钉，用电流检测仪测量电缆引线电流，确认分流正常（绝缘引流线每一相分流的负荷电流应不小于原线路负荷电流的1/3），汇报给工作负责人并记录在工作票备注栏内。	

序号	作业内容	步骤及要求	备注
2	断空载电缆线路引线	步骤4：斗内电工调整绝缘斗至近边相外侧合适位置，打开线夹处的绝缘毯，使用绝缘锁杆将待断开的空载电缆引线临时固定在主导线上后拆除线夹。 步骤5：斗内电工调整工作位置后，使用绝缘锁杆将空载电缆引线缓缓放下，临时固定在绝缘吊杆的横向支杆上，完成后恢复绝缘遮蔽。 步骤6：斗内电工使用绝缘操作杆断开消弧开关，插入安全销钉并确认。 步骤7：斗内电工先将绝缘引流线从电缆过渡支架或支柱型避雷器的验电接地杆上取下，挂在消弧开关或绝缘吊杆的横向支杆上，再将消弧开关从近边相导线上取下（若导线为绝缘线应恢复导线的绝缘），完成后恢复绝缘遮蔽，该相工作结束。拆除绝缘引流线时，应先拆电缆引线端、再拆消弧开关端。 步骤8：其余两相引线的拆除按相同的方法进行，三相引线的拆除可按先两边相、再中间相的顺序进行，或根据现场工况选择。 步骤9：三相引线全部拆除后使用放电棒充分放电，统一盘圈后临时固定在同相引线上，以备后用	
3	拆除绝缘遮蔽，退出带电作业区域	步骤1：斗内电工向工作负责人汇报确认本项工作已完成。 步骤2：斗内电工转移绝缘斗至合适作业位置，按照"从远到近、从上到下、先接地体后带电体"的原则，以及"远边相、中间相、近边相"的顺序（与遮蔽相反），拆除绝缘遮蔽和绝缘吊杆。 步骤3：斗内电工检查杆上无遗留物后，操作绝缘斗退出带电作业区域，返回地面，配合地面人员卸下斗内工具，收回绝缘斗臂车支腿（包括接地线和垫板），斗内工作结束	

六、作业后的终结工作（见表5-17）

表5-17 作业后的终结工作

序号	作业内容	步骤及要求	备注
1	清理现场	步骤1：工作班成员整理工具、材料，清洁后装箱、装袋。 步骤2：工作班成员清理现场：工完、料尽、场地清	
2	召开收工会	步骤1：点评本项工作的完成情况。 步骤2：点评安全措施的落实情况。 步骤3：点评作业指导书的执行情况	
3	工作终结	步骤1：工作负责人向值班调控人员或运维人员报告申请终结工作票，记录许可方式、工作许可人和终结报告时间，并签字确认，宣布本项工作结束。 步骤2：工作负责人组织工作班成员撤离现场，到达班组后将作业资料分类归档	

第二节 元件类项目

10kV配网不停电作业"元件类"项目常见的有：

（1）带电"更换"更换直线杆绝缘子及横担；

（2）带电"更换"耐张杆绝缘子串及横担；

（3）带负荷"更换"导线非承力线夹等。

一、人员配置

常见的元件类项目人员配置见图5-16、表5-18。

图5-16　常见的元件类项目人员配置示意图

表5-18　　　　　　　　　常见的元件类项目人员配置

序号	责任人	人数	分工	备注
1	工作负责人（兼工作监护人）	1	执行配电带电作业工作票，组织、指挥带电作业工作，作业中全程监护和落实作业现场安全措施	
2	斗内电工	2	斗内1号电工：负责带电更换元件工作。斗内2号辅助电工：配合斗内1号电工作业	
3	地面电工	1	负责地面工作，配合斗内电工作业	

二、工器具配置

1. 特种车辆

特种车辆如图5-17所示，特种车辆配置见表5-19。

（a）　　　　　　　　　　　　　（b）

图5-17　特种车辆

（a）绝缘斗臂车；（b）移动库房车

表 5-19 特种车辆配置

序号	名称	规格、型号	单位	数量	备注
1	绝缘斗臂车	10kV	辆	1	
2	移动库房车		辆	1	

2. 个人绝缘防护用具

个人绝缘防护用具如图 5-18 所示，配置见表 5-20。

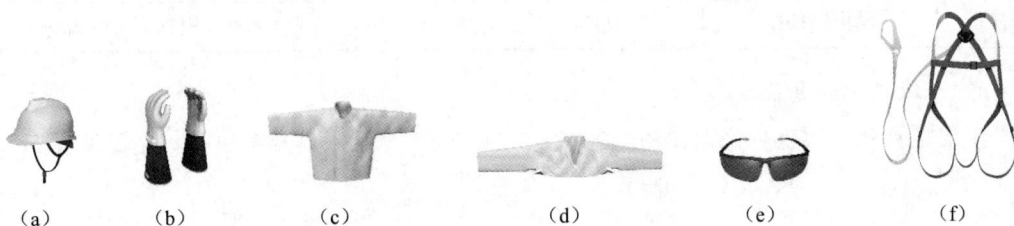

图 5-18 个人绝缘防护用具

（a）绝缘安全帽；（b）绝缘保护手套+羊皮或仿羊皮保护手套；
（c）绝缘服；（d）绝缘披肩；（e）护目镜；（f）安全带

表 5-20 个人绝缘防护用具配置

序号	名称	规格、型号	单位	数量	备注
1	绝缘安全帽	10kV	顶	2	
2	绝缘保护手套	10kV	双	2	戴防刺穿保护手套
3	绝缘披肩（绝缘服）	10kV	件	2	根据现场情况选择
4	护目镜		副	2	
5	安全带		副	2	有后背保护绳

3. 绝缘遮蔽用具

绝缘遮蔽用具如图 5-19 所示，配置见表 5-21。

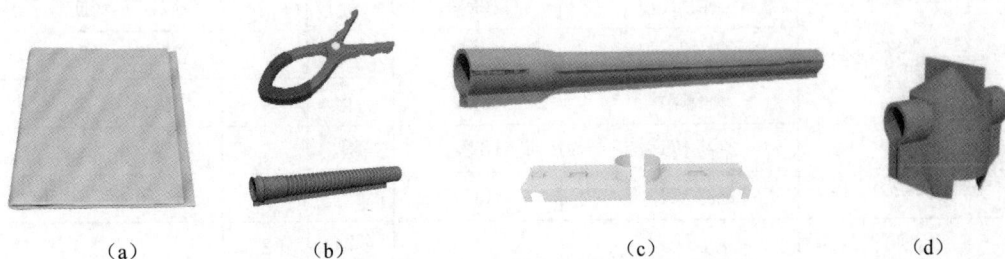

图 5-19 绝缘遮蔽用具（根据实际工况选择）

（a）绝缘毯；（b）绝缘毯夹；（c）导线遮蔽罩；（d）绝缘子遮蔽罩

81

表 5-21   绝缘遮蔽用具配置

序号	名称	规格、型号	单位	数量	备注
1	导线遮蔽罩	10kV	根	9	不少于配备数量
2	绝缘毯	10kV	块	6	不少于配备数量
3	绝缘毯夹		个	12	不少于配备数量
4	绝缘子遮蔽罩	10kV	个	1	根据实际情况选用
5	引线遮蔽罩	10kV	根	6	根据实际情况选用
6	横担遮蔽罩	10kV	个	1	根据实际情况选用

4. 绝缘工具和金属工具

绝缘工具和金属工具分别如图 5-20、图 5-21 所示,绝缘工具及金属工具配置见表 5-22。

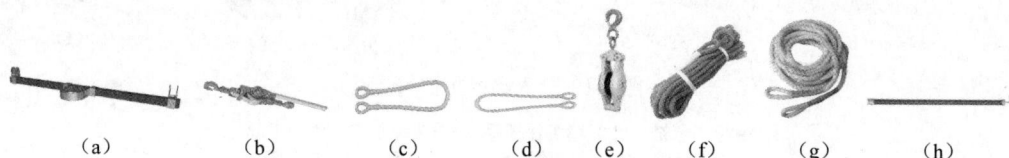

（a）   （b）   （c）   （d）   （e）   （f）   （g）   （h）

图 5-20   绝缘工具

（a）绝缘横担;（b）软质绝缘紧线器;（c）绝缘绳套（短）;（d）绝缘保护绳（长）;（e）绝缘滑车;（f）绝缘传递绳1（防潮型）;（g）绝缘传递绳2（普通型）;（h）绝缘操作杆（拉合消弧开关用）

图 5-21   金属工具（卡线器）

表 5-22   绝缘工具金属工具配置

序号	名称		规格、型号	单位	数量	备注
1	绝缘工具	绝缘横担	10kV	个	1	电杆用
2		绝缘紧线器	10kV	个	1	含配套卡线器1个
3		绝缘绳套	10kV	个	3	紧线器、保护绳等用
4		绝缘保护绳	10kV	根	1	含配套卡线器1个
5		绝缘滑车	10kV	个	1	根据实际情况选用
6		绝缘传递绳	10kV	根	1	根据实际情况选用
7		绝缘操作杆	10kV	个	3	拉合消弧开关用
8	金属工具	卡线器		个	2	

5. 旁路设备

旁路设备如图 5-22 所示,配置见表 5-23。

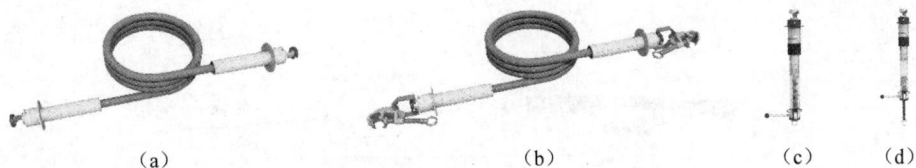

图 5-22　旁路设备（根据实际工况选择）

（a）绝缘引流线+旋转式紧固手柄；（b）绝缘引流线+马镫线夹；（c）带电作业用消弧开关合闸位置；
（d）带电作业用消弧开关分闸位置

表 5-23　　　　　　　　　　　　　　旁路设备配置

序号	名称	规格、型号	单位	数量	备注
1	带电作业用消弧开关	10kV	个	3	根据实际选择个数
2	绝缘引流线	10kV	根	3	根据实际选择根数

6. 仪器仪表

仪器仪表如图 5-23 所示，配置见表 5-24。

图 5-23　仪器仪表（根据实际工况选择）

（a）绝缘电阻测试仪+电极板；（b）高压验电器；（c）工频高压发生器；（d）风速湿度仪；
（e）绝缘保护手套充压气检测器；（f）录音笔；（g）对讲机

表 5-24　　　　　　　　　　　　　　仪器仪表配置

序号	名称	规格、型号	单位	数量	备注
1	绝缘电阻测试仪	2500V 及以上	套	1	含电极板
2	高压验电器	10kV	个	1	
3	工频高压发生器	10kV	个	1	
4	风速湿度仪		个	1	
5	绝缘保护手套充压气检测器		个	1	
6	录音笔				记录作业对话用
7	对讲机	户外无线手持	台	3	杆上杆下监护指挥用

7. 其他和材料

其他如图 5-9 所示，材料如图 5-24 所示，配置见表 5-25。

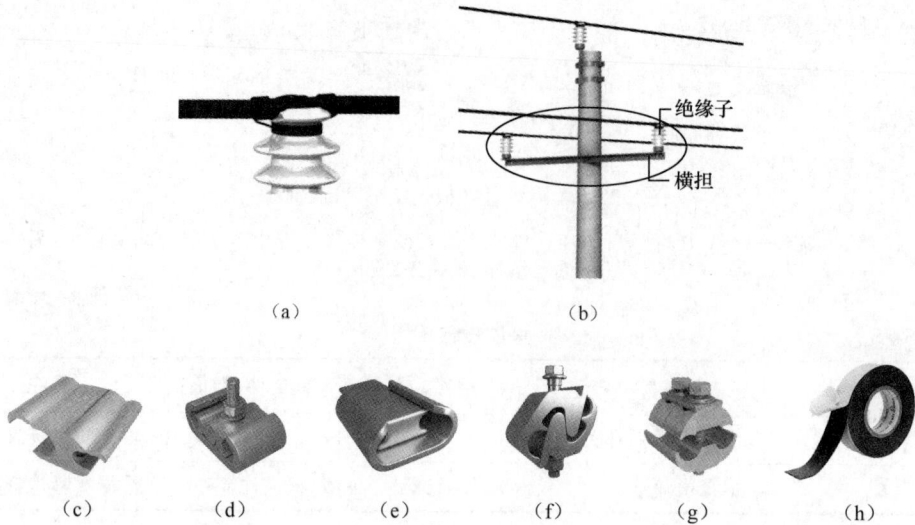

图 5-24　材料

(a) 绑扎线（前三后四双十字）；(b) 直线杆单横担+绝缘子；(c) H 型线夹；(d) C 型线夹 1；
(e) C 型线夹 2；(f) 螺栓 J 型线夹；(g) 并沟线夹；(h) 绝缘自粘带

表 5-25　　　　　　　　　　　　　　其他和材料配置

序号		名称	规格、型号	单位	数量	备注
1	其他	防潮苫布		块	若干	根据现场情况选择
2		个人手工工具		套	1	推荐用绝缘手工工具
3		安全围栏		组	1	
4		警告标志		套	1	
5		路障和减速慢行标志		组	1	
6	材料	绑扎线	4m² 单芯铜线	盘	3	根据现场情况确定长度
7		直线杆单横担及附件		套	1	根据现场情况确定规格
8		直线杆绝缘子		个	2	根据现场情况确定规格
9		搭接线夹		个	3	根据现场情况选择型号
10		绝缘自粘带		卷	若干	恢复绝缘用

三、风险管控

（1）进入绝缘斗内的作业人员必须穿戴个人绝缘防护用具（绝缘保护手套、绝缘服或绝缘披肩等），做好人身安全防护工作。使用的安全带应有良好的绝缘性能，起臂前安全带保险钩必须系挂在斗内专用挂钩上。

（2）个人绝缘防护用具使用前必须进行外观检查，绝缘保护手套使用前必须进行充（压）

气检测，确认合格后方可使用。带电作业过程中，禁止摘下绝缘防护用具。

（3）绝缘斗臂车使用前应可靠接地。作业中的绝缘斗臂车绝缘臂伸出的有效绝缘长度不小于1.0m。

（4）斗内电工对带电作业中可能触及的带电体和接地体设置绝缘遮蔽（隔离）措施时，缘遮蔽（隔离）的范围应比作业人员活动范围增加0.4m以上，绝缘遮蔽用具之间的重叠部分不得小于150mm，遮蔽措施应严密与牢固。

（5）斗内电工按照"先外侧（近边相和远边相）、后内侧（中间相）"的顺序依次进行同相绝缘遮蔽（隔离）时，应严格遵循"先带电体后接地体"的原则。绝缘斗内双人作业时，禁止在不同相或不同电位同时作业进行绝缘遮蔽（隔离）。

（6）斗内电工作业时严禁人体同时接触两个不同的电位体，包括设置（拆除）绝缘遮蔽（隔离）用具的作业中，作业工位的选择应合适，在不影响作业的前提下，人身务必与带电体和接地体保持一定的安全距离，以防斗内电工作业过程中人体串入电路。绝缘斗内双人作业时，禁止同时在不同相或不同电位作业。

（7）斗内电工按照"先内侧（中间相）、后外侧（近边相和远边相）"的顺序依次拆除同相绝缘遮蔽（隔离）用具时，应严格遵循"先接地体后带电体"的原则。绝缘斗内双人作业时，禁止在不同相或不同电位同时作业进行绝缘遮蔽用具的拆除。

（8）带电更换更换直线杆绝缘子及横担作业时：①绝缘横担的安装高度应满足安全距离（0.4m）的要求。安装（拆除）绝缘横担时，必须是在作业范围内的带电体完全绝缘遮蔽的前提下进行，起吊时应使用绝缘小吊臂缓慢进行。②提升和下降导线时要缓慢进行，导线起吊高度应满足安全距离（0.4m）的要求。使用绑扎线时应盘成小盘，拆除（绑扎）绝缘子绑扎线时，绑扎线的展放长度不应超过10cm。导线脱离绝缘子后应及时恢复导线上的绝缘遮蔽措施。③拆除（安装）直线杆绝缘子及横担时，同安装（拆除）绝缘横担一样，也必须是在作业范围内的带电体完全绝缘遮蔽的前提下进行，起吊时应使用绝缘小吊臂缓慢进行。

（9）带电更换耐张杆绝缘子串作业时：①安装绝缘紧线器、备保护绳以及更换耐张绝缘子时，绝缘绳套（或安装在耐张横担上绝缘拉杆、绝缘联板）和保护绳的有效绝缘长度不小于0.4m。绝缘紧线器收紧导线后，后备保护绳套应适当收紧并固定。②拔除、安装耐张线夹与耐张绝缘子连接的碗头挂板时，以及在横担上拆除、挂接耐张绝缘子串时，横担侧绝缘子及耐张线夹等导线侧带电体应有严密的绝缘遮蔽措施。作业时严禁人体同时接触两个不同的电位体，拆除（安装）耐张绝缘子时严禁人体串入电路。

（10）带负荷更换导线非承力线夹作业时：①绝缘引流线的安装应采用专用支架（或绝缘横担）进行支撑和固定。安装绝缘引流线前应查看额定电流值，所带负荷电流不得超过绝缘引流线的额定电流。当导线连接（线夹）处发热时，禁止使用绝缘引流线进行短接，需要使用单相开关短接。②采用逐相更换导线非承力线夹或更换其中的某一相导线非承力线夹的整个作业过程中，应确保绝缘引流线连接可靠、相位正确、通流正常。短接每一相时，应注意绝缘引流线另一端头不得放在工作斗内。③绝缘引流线搭接未完成前严禁更换导线非承力线夹。绝缘引流线两端连接后或拆除前，应检测相关设备通流情况正常，绝缘引流线每一相分流的负荷的分流情况满足相关的分流要求。④断开（搭接）引线更换导线非承力线夹时严禁人体串入电路，严禁人体同时接触两个不同的电位体。斗内作业人员应确保人体与带电体（接地体）保持一定的安全距离。⑤逐相拆除绝缘引流线时，应对先拆除端引流线夹部分进行绝缘遮蔽，拆下的绝缘引流线端头不得放在工作斗内，将其临时悬挂在绝缘引流线支架上。

四、现场准备工作（见表 5-26）

表 5-26　　　　　　　　　　　　现场准备工作

序号	作业内容	步骤及要求	备注
1	现场复勘	步骤 1：工作负责人核对线路名称和杆号正确、工作任务无误、安全措施到位，作业点两侧的电杆根部、基础牢固、导线绑扎牢固，作业装置和现场环境符合带电作业条件。 步骤 2：工作班成员确认天气良好，实测风速___级（不大于 5 级）、湿度___%（不大于 80%），符合作业条件。 步骤 3：工作负责人根据复勘结果告知工作班成员：现场具备安全作业条件，可以开展工作	
2	停放绝缘斗臂车，设置安全围栏和警示标志	步骤 1：工作负责人指挥驾驶员将绝缘斗臂车停放到合适位置，支腿支放到垫板上，轮胎离地，支撑牢固后将车体可靠接地。 步骤 2：工作班成员依据作业空间设置硬质安全围栏，包括围栏的出入口。 步骤 3：工作班成员设置"从此进出、施工现场、车辆慢行或车辆绕行"等警示标志或路障。 步骤 4：根据现场实际工况，增设临时交通疏导人员，应穿戴反光衣	
3	工作许可，召开站班会	步骤 1：工作负责人向值班调控人员或运维人员申请工作许可和停用重合闸许可，记录许可方式、工作许可人和许可工作（联系）时间，并签字确认。 步骤 2：工作负责人召开站班会宣读工作票。 步骤 3：工作负责人确认工作班成员对工作任务、危险点预控措施和任务分工都已知晓，履行工作票签字、确认手续，记录工作开始时间	
4	摆放和检查工器具	步骤 1：工作班成员将工器具分区摆放在防潮帆布上。 步骤 2：工作班成员按照分工擦拭并外观检查工器具完好无损，绝缘工具绝缘电阻值检测不低于 700MΩ，绝缘保护手套充（压）气检测不漏气，安全带冲击试验检测安全。 步骤 3：斗内电工擦拭并外观检查绝缘斗臂车的绝缘斗和绝缘臂外观完好无损，空斗试操作运行正常（升降、伸缩、回转等）	

序号	作业内容	步骤及要求	备注
5	斗内电工进斗，可携带工器具入斗	步骤1：斗内电工穿戴好绝缘防护用具进入绝缘斗、挂好安全带保险钩，地面电工将绝缘遮蔽用具和可携带的工具入斗。 步骤2：斗内电工按照"先抬臂（离支架）、再伸臂（1m线）、加旋转"的动作，操作绝缘斗进入准备带电作业区域	

五、现场作业工作

1. 绝缘保护手套作业法（斗臂车作业）带电更换直线杆绝缘子及横担作业

绝缘保护手套作业法（斗臂车作业）带电更换直线杆绝缘子及横担作业，以图 5-25 所示的直线杆（三角排列）为例，其现场作业工作见表 5-27。

图 5-25　直线杆（三角排列）示意图

表 5-27　　　　　　　　　　　　　　　现场作业工作

序号	作业内容	步骤及要求	备注
1	进入带电作业区域，验电，设置绝缘遮蔽措施	步骤1：斗内电工穿戴好绝缘防护用具，经工作负责人检查合格后进入绝缘斗、挂好安全带保险钩。 步骤2：斗内电工调整绝缘斗至合适位置，使用验电器对绝缘子、横担进行验电，确认无漏电现象汇报给工作负责人，连同现场检测的风速、湿度一并记录在工作票备注栏内。 步骤3：斗内电工调整绝缘斗至近边相导线外侧适当位置，按照"从近到远、从下到上、先带电体后接地体"的遮蔽原则，以及"近边相、中间相、远边相"的遮蔽顺序，依次对作业范围内的导线、绝缘子、横担以及杆顶进行绝缘遮蔽	
2	提升导线，更换直线杆绝缘子及横担	方法：绝缘横担+绝缘小吊臂法提升导线更换直线杆绝缘子及横担。 步骤1：斗内电工调整绝缘斗至相间合适位置，在电杆上高出横担约 0.4m 的位置安装绝缘横担。	

续表

序号	作业内容	步骤及要求	备注
2	提升导线，更换直线杆绝缘子及横担	步骤2：斗内电工调整绝缘斗至近边相外侧适当位置，使用绝缘小吊绳在铅垂线上固定导线。 步骤3：斗内电工拆除绝缘子绑扎线，提升近边相导线置于绝缘横担上的固定槽内可靠固定。 步骤4：按照相同的方法将远边相导线置于绝缘横担的固定槽内并可靠固定。 步骤5：斗内电工转移绝缘斗至合适作业位置，拆除旧绝缘子及横担，安装新绝缘子及横担，并对新安装绝缘子及横担设置绝缘遮蔽措施。 步骤6：斗内电工调整绝缘斗至远边相外侧适当位置，使用绝缘小吊绳将远边相导线缓缓放入新绝缘子顶槽内，使用盘成小盘的绑扎线固定后，恢复绝缘遮蔽。 步骤7：远边相导线的固定按相同的方法进行。 步骤8：斗内电工转移调整绝缘斗至中间相外侧适当位置，使用绝缘小吊绳在铅垂线上固定导线。 步骤9：斗内电工拆除绝缘子绑扎线，提升中间相导线至杆顶不小于 0.4m 处。 步骤10：斗内电工拆除旧绝缘子，安装新绝缘子，并对新安装绝缘子和横担设置绝缘遮蔽措施。 步骤11：斗内电工使用绝缘小吊绳将中间相导线缓缓放入新绝缘子顶槽内，使用盘成小盘的绑扎线固定后，恢复绝缘遮蔽，更换中间相绝缘子工作结束。 步骤12：斗内电工转移绝缘斗至横放前方合适作业位置，拆除杆上绝缘横担，更换直线杆绝缘子及横担工作结束	
3	拆除绝缘遮蔽，退出带电作业区域	步骤1：斗内电工向工作负责人汇报确认本项工作已完成。 步骤2：斗内电工转移绝缘斗至合适作业位置，按照"从远到近、从上到下、先接地体后带电体"的原则，以及"远边相、中间相、近边相"的顺序（与遮蔽相反），拆除绝缘遮蔽。 步骤3：斗内电工检查杆上无遗留物后，操作绝缘斗退出带电作业区域，返回地面，配合地面人员卸下斗内工具，收回绝缘斗臂车支腿（包括接地线和垫板），斗内工作结束	

2. 绝缘保护手套作业法（斗臂车作业）带电更换耐张杆绝缘子串作业

绝缘保护手套作业法（斗臂车作业）带电更换耐张杆绝缘子串作业，以图 5-26 所示的直线耐张杆（三角排列）为例，其现场作业工作见表 5-28。

图 5-26　直线耐张杆（三角排列）示意图

表 5-28　　　　　　　　　　　　　　　　现场作业工作

序号	作业内容	步骤及要求	备注
1	进入带电作业区域，验电，设置绝缘遮蔽措施	步骤1：斗内电工穿戴好绝缘防护用具，经工作负责人检查合格后进入绝缘斗、挂好安全带保险钩。 步骤2：斗内电工调整绝缘斗至合适位置，使用验电器对绝缘子、横担进行验电，确认无漏电现象汇报给工作负责人，连同现场检测的风速、湿度一并记录在工作票备注栏内。 步骤3：斗内电工调整绝缘斗至近边相导线外侧适当位置，按照"从近到远、从下到上、先带电体后接地体"的遮蔽原则，以及"近边相、中间相、远边相"的遮蔽顺序，依次对作业范围内的导线、引流线、耐张线夹、绝缘子及横担进行绝缘遮蔽	
2	安装绝缘紧线器和后备保护绳，更换耐张杆绝缘子串	步骤1：斗内电工至近边相导线外侧合适位置，将绝缘绳套（或绝缘拉杆）可靠固定在耐张横担上上，安装绝缘紧线器和绝缘保护绳，完成后恢复绝缘遮蔽。 步骤2：斗内电工使用绝缘紧线器缓慢收紧导线至耐张绝缘子松弛，并拉紧绝缘保护绳，完成后恢复绝缘遮蔽。 步骤3：斗内电工托起已绝缘遮蔽的旧耐张绝缘子，将耐张线夹与耐张绝缘子连接螺栓拔除，使两者脱离，完成后恢复耐张线夹处的绝缘遮蔽。 步骤4：斗内电工拆除旧耐张绝缘子，安装新耐张绝缘子，完成后恢复耐张绝缘子处的绝缘遮蔽。 步骤5：斗内电工将耐张线夹与耐张绝缘子连接螺栓安装好，确认连接可靠后恢复耐张线夹处的绝缘遮蔽。 步骤6：斗内电工松开绝缘保护绳套并放松紧线器，使绝缘子受力后，拆下紧线器、绝缘保护绳套及绝缘绳套（或绝缘拉杆），恢复导线侧的绝缘遮蔽。 步骤7：其余两相耐张绝缘子串的更换按相同的方法进行。更换中间相耐张绝缘子串时，两边相导线绝缘遮蔽后方可进行更换	
3	拆除绝缘遮蔽，退出带电作业区域	步骤1：斗内电工向工作负责人汇报确认本项工作已完成。 步骤2：斗内电工转移绝缘斗至合适作业位置，按照"从远到近、从上到下、先接地体后带电体"的原则，以及"远边相、中间相、近边相"的顺序（与遮蔽相反），拆除绝缘遮蔽。 步骤3：斗内电工检查杆上无遗留物后，操作绝缘斗退出带电作业区域，返回地面，配合地面人员卸下斗内工具，收回绝缘斗臂车支腿（包括接地线和垫板），斗内工作结束	

3. 绝缘保护手套作业法+绝缘引流线法（斗臂车作业）带负荷更换导线非承力线夹

绝缘保护手套作业法+绝缘引流线法（斗臂车作业）带负荷更换导线非承力线夹作业，以图 5-26 所示的直线耐张杆（三角排列）为例，其现场作业工作见表 5-29。

表 5-29　　　　　　　　　　　　　　　现场作业工作

序号	作业内容	步骤及要求	备注
1	进入带电作业区域，验电，设置绝缘遮蔽措施	步骤 1：斗内电工穿戴好绝缘防护用具，经工作负责人检查合格后进入绝缘斗、挂好安全带保险钩。 步骤 2：斗内电工调整绝缘斗至合适位置，使用验电器对绝缘子、横担进行验电，确认无漏电现象，使用电流检测仪确认负荷电流满足绝缘引流线使用要求汇报给工作负责人，连同现场检测的风速、湿度一并记录在工作票备注栏内。 步骤 3：斗内电工调整绝缘斗至近边相导线外侧适当位置，按照"从近到远、从下到上、先带电体后接地体"的遮蔽原则，以及"近边相、中间相、远边相"的遮蔽顺序，依次对作业范围内的导线、引流线、耐张线夹、绝缘子及横担进行绝缘遮蔽	
2	安装绝缘引流线和消弧开关，更换导线非承力线夹	步骤 1：斗内电工调整绝缘斗至耐张横担下方合适位置，安装绝缘引流线支架。 步骤 2：斗内电工根据绝缘引流线长度，在适当位置打开近边相导线的绝缘遮蔽，剥除两端挂接处导线上的绝缘层。 步骤 3：斗内电工使用绝缘绳将绝缘引流线临时固定在主导线上，中间支撑在绝缘引流线支架上。 步骤 4：斗内电工检查确认消弧开关在断开位置并闭锁后，将消弧开关挂接到近边相主导线上，完成后恢复挂接处的绝缘遮蔽。 步骤 5：斗内电工调整绝缘斗至合适位置，先将绝缘引流线的一端线夹与消弧开关下端的横向导电杆连接可靠后，再将绝缘引流线的另一端线夹挂接到另一侧近边相主导线上，完成后恢复绝缘遮蔽，挂接绝缘引流线时，应先接消弧开关端、再接另一侧引线端。 步骤 6：斗内电工检查无误后取下安全销钉，用绝缘操作杆合上消弧开关并插入安全销钉，用电流检测仪测量电缆引线电流，确认分流正常（绝缘引流线每一相分流的负荷电流应不小于原线路负荷电流的1/3，汇报给工作负责人并记录在工作票备注栏内。 步骤 7：斗内电工调整绝缘斗至近边相导线外侧合适位置，在保证安全作业距离的前提下，以最小范围打开近边相导线连接处的遮蔽，更换近边相导线非承力线夹，完成后恢复线夹处的绝缘、密封和绝缘遮蔽。 步骤 8：斗内电工使用电流检测仪测量引流线电流通流正常后，使用绝缘操作杆断开消弧开关，插入安全销钉后，拆除绝缘引流线和消弧开关。拆除绝缘引流线时，应先拆一侧导线端（有电端）、再拆消弧开关端（无电端），完成后恢复挂接处的绝缘遮蔽。 步骤 9：其余两相导线非承力线夹的更换按相同的方法进行，完成后拆除绝缘引流线支架，更换导线非承力线夹工作结束	
3	拆除绝缘遮蔽，退出带电作业区域	步骤1：斗内电工向工作负责人汇报确认本项工作已完成。 步骤 2：斗内电工转移绝缘斗至合适作业位置，按照"从远到近、从上到下、先接地体后带电体"的原则，以及"远边相、中间相、近边相"的顺序（与遮蔽相反），拆除绝缘遮蔽。 步骤 3：斗内电工检查杆上无遗留物后，操作绝缘斗退出带电作业区域，返回地面，配合地面人员卸下斗内工具，收回绝缘斗臂车支腿（包括接地线和垫板），斗内工作结束	

六、作业后的终结工作（见表 5-30）

表 5-30 作业后的终结工作

序号	作业内容	步骤及要求	备注
1	清理现场	步骤 1：工作班成员整理工具、材料，清洁后装箱、装袋。 步骤 2：工作班成员清理现场：工完、料尽、场地清	
2	召开收工会	步骤 1：点评本项工作的完成情况。 步骤 2：点评安全措施的落实情况。 步骤 3：点评作业指导书的执行情况	
3	工作终结	步骤 1：工作负责人向值班调控人员或运维人员报告申请终结工作票，记录许可方式、工作许可人和终结报告时间，并签字确认，宣布本项工作结束。 步骤 2：工作负责人组织工作班成员撤离现场，到达班组后将作业资料分类归档	

第三节 电杆类项目

10kV 配网不停电作业"电杆类"项目常见的有：

（1）带电"组立"直线电杆；

（2）带电"更换"直线电杆；

（3）带电直线杆"改"终端杆；

（4）带负荷直线杆改耐张杆等。

一、人员配置

常见的电杆类作业项目人员配置如图 5-27 所示，带电组立或更换直线杆作业项目人员配置见表 5-31、表 5-32。

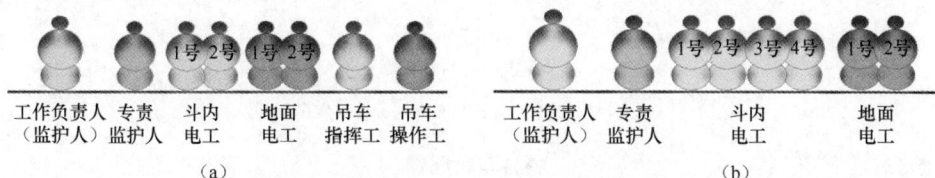

图 5-27 常见的电杆类作业项目人员配置示意图

（a）带电组立或更换直线杆作业项目；（b）带负荷直线杆改耐张杆作业项目

表 5-31 带电组立或更换直线杆作业项目人员配置

序号	责任人	人数	分工	备注
1	工作负责人（监护人）	1	执行配电带电作业工作票，组织、指挥带电作业工作，作业中全程监护和落实作业现场安全措施	
2	专责监护人	1	配合工作负责人履行职责，监护和落实作业现场安全措施	

序号	责任人	人数	分工	备注
3	斗内电工	4	1号斗臂车斗内电工：负责带电组立或更换直线电杆工作。 2号斗臂车斗内电工：配合1号斗臂车斗内电工作业	
4	杆上电工	1	负责杆上作业	
5	地面电工	2	负责地面工作，配合杆上电工、斗内电工作业	
6	吊车指挥工	1	负责吊车指挥作业	
7	吊车操作工	1	负责吊车操作作业	

表 5-32　　　　　带负荷直线杆改耐张杆作业项目人员配置

序号	人员分工	人数	职责	备注
1	工作负责人（监护人）	1	执行配电带电作业工作票，组织、指挥带电作业工作，作业中全程监护和落实作业现场安全措施	
2	专责监护人	1	配合工作负责人履行职责，监护和落实作业现场安全措施	
3	斗内电工	4	1号斗臂车斗内电工：负责带负荷直线杆改耐张杆工作。 2号斗臂车斗内电工：配合1号斗臂车斗内电工作业	
4	地面电工	2	负责地面工作，配合斗内电工作业	

二、工器具配置

1. 特种车辆

特种车辆如图 5-28 所示，配置见表 5-33。

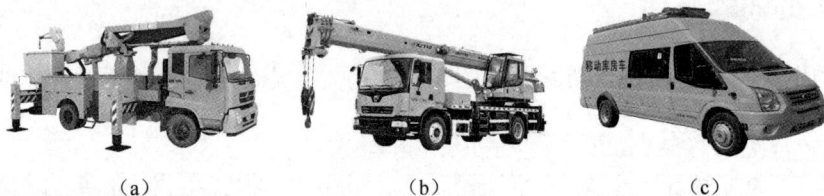

图 5-28　特种车辆

（a）绝缘斗臂车；（b）吊车；（c）移动库房车

表 5-33　　　　　　　　　　特种车辆配置

序号	名称	规格、型号	单位	数量	备注
1	绝缘斗臂车	10kV	辆	2	
2	吊车	8t	辆	1	不小于 8t
3	移动库房车		辆	1	

2. 个人绝缘防护用具

个人绝缘防护用具如图 5-29 所示，配置见表 5-34。

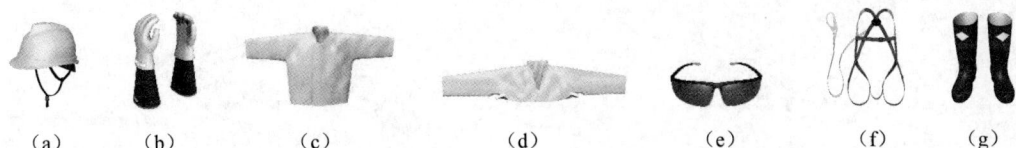

图 5-29 个人绝缘防护用具

（a）绝缘安全帽；（b）绝缘保护手套+羊皮或仿羊皮保护手套；（c）绝缘服；
（d）绝缘披肩；（e）护目镜；（f）安全带；（g）绝缘靴

表 5-34 个人绝缘防护用具配置

序号	名称	规格、型号	单位	数量	备注
1	绝缘安全帽	10kV	顶	4	
2	绝缘保护手套	10kV	双	7	戴防刺穿保护手套
3	绝缘披肩（绝缘服）	10kV	件	4	根据现场情况选择
4	护目镜		副	4	
5	安全带		副	4	有后背保护绳
6	绝缘靴	10kV	双	3	地面电工用

3. 绝缘遮蔽用具

绝缘遮蔽用具如图 5-30 所示，配置见表 5-35。

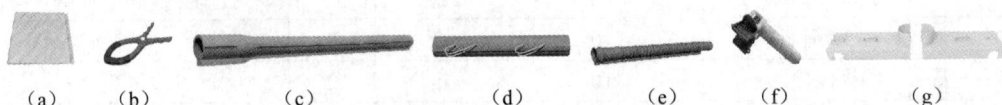

图 5-30 绝缘遮蔽用具（根据实际工况选择）

（a）绝缘毯；（b）绝缘毯夹；（c）导线遮蔽罩；（d）电杆遮蔽罩；
（e）引流线遮蔽罩；（f）导线端头遮蔽罩；（g）耐张横担遮蔽罩

表 5-35 绝缘遮蔽用具配置

序号	名称	规格、型号	单位	数量	备注
1	导线遮蔽罩	10kV	根	12	不少于配备数量
2	引线遮蔽罩	10kV	根	6	不少于配备数量
3	导线端头遮蔽罩	10kV	根	6	备用
4	电杆遮蔽罩	10kV	根	4	不少于配备数量
5	绝缘毯	10kV	块	22	不少于配备数量
6	绝缘毯夹			48	不少于配备数量
7	耐张横担遮蔽罩	10kV	副	1	

4. 绝缘工具

绝缘工具如图 5-31 所示，配置见表 5-36。

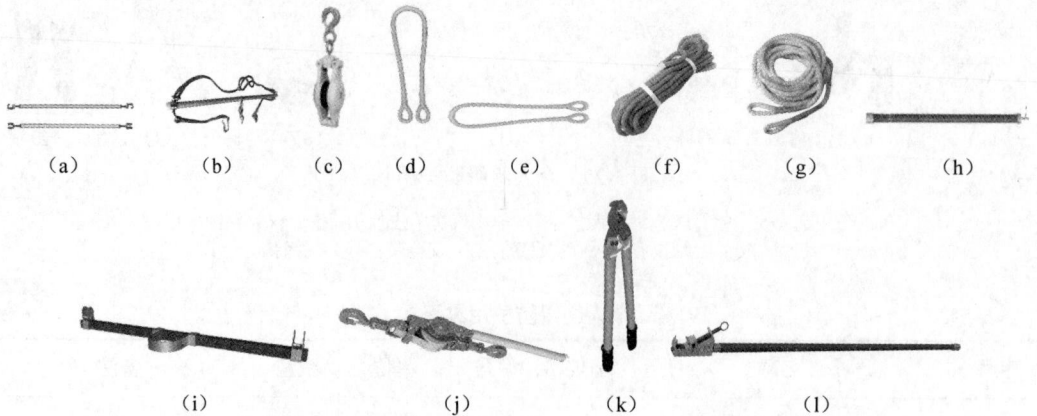

图 5-31　绝缘工具

（a）绝缘撑杆；（b）三相导线绝缘吊杆；（c）绝缘滑车；（d）绝缘绳套（短）；（e）绝缘保护绳（长）；
（f）绝缘传递和控制绳 1（防潮型）；（g）绝缘传递和控制绳 2（普通型）；（h）绝缘操作杆；（i）绝缘横担；
（j）软质绝缘紧线器；（k）绝缘断线剪；（l）绝缘锁杆

表 5-36　　　　　　　　　　　　　　　　绝缘工具配置

序号	名称	规格、型号（kV）	单位	数量	备注
1	绝缘撑杆	10	根	3	支撑两相导线专用
2	绝缘吊杆	10	根	1	备用
3	绝缘传递绳	10	根	1	根据实际情况选用
4	绝缘控制绳	10	根	3	控制导线和电杆用
5	绝缘绳套	10	个	3	紧线器、保护绳等用
6	绝缘保护绳	10	根	2	配卡线器 2 个
7	绝缘滑车	10	个	1	根据实际情况选用
8	绝缘横担	10	个	1	电杆用
9	绝缘紧线器	10	个	2	配卡线器 2 个
10	绝缘断线剪	10	个	1	根据实际情况选用
11	绝缘锁杆	10	根	1	根据实际情况选用
12	绝缘操作杆	10	个	1	备用

5. 金属工具

金属工具如图 5-32 所示，配置见表 5-37。

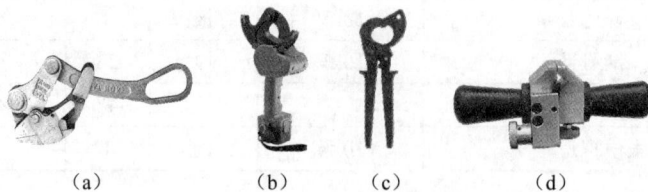

图 5-32　金属工具（根据实际工况选择）

（a）卡线器；（b）电动断线切刀；（c）棘轮切刀；（d）绝缘导线剥皮器

表 5-37　　　　　　　　　　　　　　　金属工具配置

序号	名称	单位	数量	备注
1	卡线器	个	4	
2	电动断线切刀或棘轮切刀	个	1	根据实际情况选用
3	绝缘导线剥皮器	个	1	

6. 旁路设备

旁路设备如图 5-33 所示，配置见表 5-38。

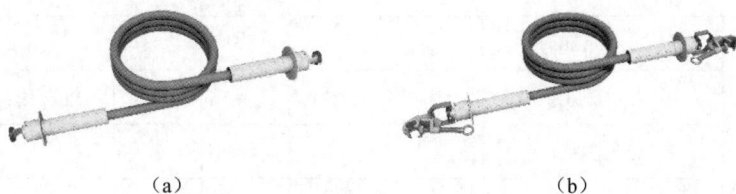

（a）　　　　　　　　　　　　　　　　　（b）

图 5-33　旁路设备（根据实际工况选择）

（a）绝缘引流线+旋转式紧固手柄；（b）绝缘引流线+马镫线夹

表 5-38　　　　　　　　　　　　　　　旁路设备配置

序号	名称	规格、型号（kV）	单位	数量	备注
1	绝缘引流线	10	个	3	根据实际情况选择个数
2	绝缘引流线支架	10	根	1	绝缘横担（备用）

7. 仪器仪表

仪器仪表参考图 5-23，配置参考表 5-24。

8. 其他和材料

其他和材料分别如图 5-9、图 5-34 所示，配置见表 5-39。

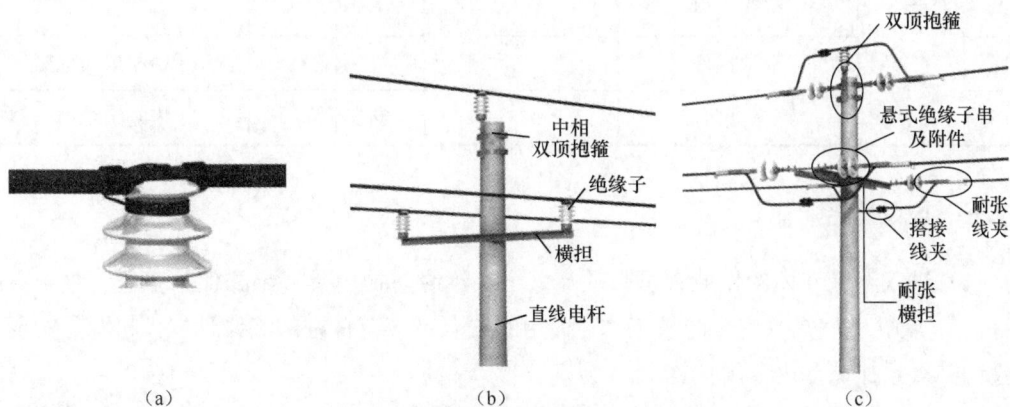

（a）　　　　　　　　　　　（b）　　　　　　　　　　　（c）

图 5-34　材料（二）（搭接线夹根据实际工况选择）（一）

（a）绑扎线（前三后四双十字）；（b）直线电杆+横担+绝缘子+双顶抱箍；（c）耐张横担+绝缘子串+线夹+双顶抱箍；

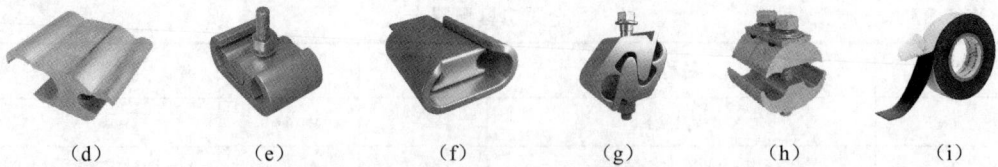

| (d) | (e) | (f) | (g) | (h) | (i) |

图 5-34　材料（二）（搭接线夹根据实际工况选择）（二）

（d）H 型线夹；（e）C 型线夹 1；（f）C 型线夹 2；（g）螺栓 J 型线夹；（h）并沟线夹；（i）绝缘自粘带

表 5-39　　　　　　　　　　　　其他和材料配置

序号		名称	规格、型号	单位	数量	备注
1	其他	防潮苫布		块	若干	根据现场情况选择
2		个人手工工具		套	1	推荐用绝缘手工工具
3		安全围栏		组	1	
4		警告标志		套	1	
5		路障和减速慢行标志		组	1	
6	材料（一）	绑扎线	4m² 单芯铜线	盘	3	根据现场情况确定长度
7		直线电杆		根	1	根据现场情况确定规格
8		横担及附件		套	1	根据现场情况确定规格
9		绝缘子		个	3	根据现场情况确定规格
10		中相双顶抱箍		套	1	根据现场情况确定规格
11	材料（二）	搭接线夹		个	3	根据现场情况选择型号
12		耐张横担及附件		套	1	根据现场情况确定规格
13		瓷绝缘子串及附件		组	6	根据现场情况确定规格
14		耐张线夹		个	6	
15		双顶抱箍		个	1	原中相双顶抱箍
16		绝缘自粘带		卷	若干	恢复绝缘用

三、风险管控

（1）进入绝缘斗内的作业人员必须穿戴个人绝缘防护用具（绝缘保护手套、绝缘服或绝缘披肩等），做好人身安全防护工作。使用的安全带应有良好的绝缘性能，起臂前安全带保险钩必须系挂在斗内专用挂钩上。

（2）个人绝缘防护用具使用前必须进行外观检查，绝缘保护手套使用前必须进行充（压）气检测，确认合格后方可使用。带电作业过程中，禁止摘下绝缘防护用具。

（3）绝缘斗臂车使用前应可靠接地。作业中，绝缘斗臂车绝缘臂伸出的有效绝缘长度不小于 1.0m。

（4）斗内电工按照"先外侧（近边相和远边相）、后内侧（中间相）"的顺序，依次对作业位置处带电体（导线）设置绝缘遮蔽（隔离）措施时，缘遮蔽（隔离）的范围应比作业人员活动范围增加 0.4m 以上，绝缘遮蔽用具之间的重叠部分不得小于 150mm。绝缘斗内双人作业时，禁止在不同相或不同电位同时作业进行绝缘遮蔽。

（5）斗内电工作业时严禁人体同时接触两个不同的电位体，在整个的作业过程中，包括设置（拆除）绝缘遮蔽（隔离）用具的作业中，作业工位的选择应合适，在不影响作业的前提下，人身务必与带电体和接地体保持一定的安全距离，以防斗内电工作业过程中人体串入电路。绝缘斗内双人作业时，禁止同时在不同相或不同电位作业。

（6）斗内电工拆除绝缘遮蔽（隔离）用具的作业中，应严格遵守"先内侧（中间相）、后外侧（近边相和远边相）"的拆除原则（与遮蔽顺序相反）。绝缘斗内双人作业时，禁止在不同相或不同电位同时作业拆除绝缘遮蔽（隔离）用具。

（7）带电组立或更换直线电杆作业时：

1）导线专用扩张器或导线提升专用吊杆安装应牢固可靠。支撑导线过程中，应检查两侧电杆上的导线绑扎线情况。绑扎和拆除绝缘子绑扎线时，严禁人体同时接触两个不同的电位；支撑（下降）导线时，要缓缓进行，以防止导线晃动，避免造成相间短路。

2）撤除、组立电杆时，电杆杆根应设置接地保护措施，杆根作业人员应穿绝缘靴、戴绝缘保护手套，起重设备操作人员应穿绝缘靴；吊车吊钩应在 10kV 带电导线的下方，电杆应顺线路方向起立或下降。

3）吊车操作人员应服从指挥人员的指挥，在作业过程中不得离开操作位置。电杆组立过程中，工作人员应密切注意电杆与带电线路保持 1.0m 以上的安全距离，吊车吊臂与带电线路保持 1.5m 以上安全距离。作业线路下层有低压线路同杆并架时，如妨碍作业，应对作业范围内的相关低压线路采取绝缘遮蔽措施。

（8）带负荷直线杆改耐张杆时：

1）绝缘引流线的安装应采用专用支架（或绝缘横担）进行支撑和固定。绝缘引流线两端连接后或拆除前，应检测相关设备通流情况正常，绝缘引流线每一相分流的负荷电流的分流情况满足相关的分流要求。绝缘引流线搭接时应确保相位正确、搭接点接连接可靠。短接每一相时，应注意绝缘引流线另一端头不得放在工作斗内。

2）拆除（安装）绝缘子和横担时应确保作业范围的带电体完全遮蔽的前提下进行；在导线收紧后开断导线前，应加设防导线脱落的后备保护安全措施（绝缘保护绳）。紧线（开断）导线应同相同步进行。

3）在进行三相导线开断前，应检查绝缘引流线连接可靠，并应得到工作负责人（监护人）的许可。三相导线的连接工作未完成前，绝缘引流线不得拆除。安装（拆除）绝缘引流线应同步进行。

四、现场准备工作（见表5-40）

表5-40　　　　　　　　　　　　现场准备工作

序号	作业内容	步骤及要求	备注
1	现场复勘	步骤1：工作负责人核对线路名称和杆号正确、工作任务无误、安全措施到位，作业点和两侧的电杆根部、基础牢固、导线绑扎牢固，作业装置和现场环境符合带电作业条件。 步骤2：工作班成员确认天气良好，实测风速＿＿级（不大于5级）、湿度＿＿%（不大于80%），符合作业条件。 步骤3：工作负责人根据复勘结果告知工作班成员：现场具备安全作业条件，可以开展工作	
2	停放绝缘斗臂车（吊车），设置安全围栏和警示标志	步骤1：工作负责人指挥驾驶员将绝缘斗臂车、吊车停放到合适位置，支腿支放到垫板上，轮胎离地，支撑牢固后将车体可靠接地。 步骤2：工作班成员依据作业空间设置硬质安全围栏，包括围栏的出入口。 步骤3：工作班成员设置"从此进出、施工现场、车辆慢行或车辆绕行"等警示标志或路障。 步骤4：根据现场实际工况，增设临时交通疏导人员，应穿戴反光衣	
3	工作许可，召开站班会	步骤1：工作负责人向值班调控人员或运维人员申请工作许可和停用重合闸许可，记录许可方式、工作许可人和许可工作（联系）时间，并签字确认。 步骤2：工作负责人召开站班会宣读工作票。 步骤3：工作负责人确认工作班成员对工作任务、危险点预控措施和任务分工都已知晓，履行工作票签字、确认手续，记录工作开始时间	
4	摆放和检查工器具	步骤1：工作班成员将工器具分区摆放在防潮帆布上。 步骤2：工作班成员按照分工擦拭并外观检查工器具完好无损，绝缘工具绝缘电阻值检测不低于700MΩ，绝缘保护手套充（压）气检测不漏气，安全带冲击试验检测安全。 步骤3：斗内电工擦拭并外观检查绝缘斗臂车的绝缘斗和绝缘臂外观完好无损，空斗试操作运行正常（升降、伸缩、回转等）	
5	斗内电工进斗，可携带工器具入斗	步骤1：斗内电工穿戴好绝缘防护用具进入绝缘斗、挂好安全带保险钩，地面电工将绝缘遮蔽用具和可携带的工具入斗。 步骤2：斗内电工按照"先抬臂（离支架）、再伸臂（1m线）、加旋转"的动作，操作绝缘斗准备进入带电作业区域	

五、现场作业工作

1. 绝缘保护手套作业法（斗臂车和吊车作业）带电组立直线杆作业

绝缘保护手套作业法（斗臂车和吊车作业）带电组立直线杆作业，以图5-35所示的直线杆（三角排列）为例，其现场作业工作见表5-41。

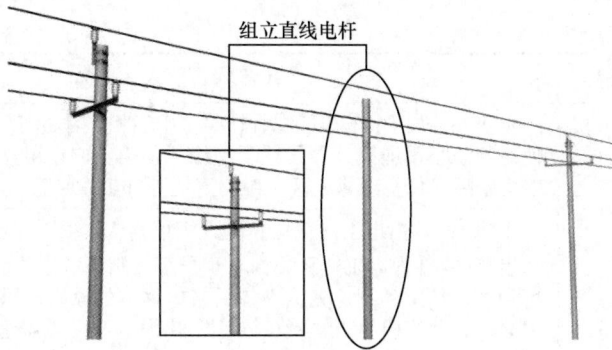

图 5-35 直线杆（三角排列）示意图

表 5-41   现场作业工作

序号	作业内容	步骤及要求	备注
1	进入带电作业区域，验电，设置绝缘遮蔽措施	步骤 1：斗内电工穿戴好绝缘防护用具，经工作负责人检查合格后进入绝缘斗、挂好安全带保险钩。 步骤 2：斗内电工调整绝缘斗至合适位置，使用验电器对绝缘子、横担进行验电，确认无漏电现象汇报给工作负责人，连同现场检测的风速、湿度一并记录在工作票备注栏内。 步骤 3：斗内电工调整绝缘斗至近边相导线外侧适当位置，按照"从近到远、从下到上、先带电体后接地体"的遮蔽原则，以及"近边相、中间相、远边相"的遮蔽顺序，使用导线遮蔽罩依次对作业范围内的导线进行绝缘遮蔽。绝缘遮蔽长度要适当延长，以确保组立电杆时不触及带电导线	
2	专用撑杆法支撑导线	步骤 1：斗内电工转移绝缘斗至边相导线外侧合适位置，在组立杆两侧分别使用绝缘撑杆将两边相导线撑开至合适位置； 步骤 2：斗内电工转移绝缘斗至中间相导线外侧，将绝缘绳绑扎在中间相导线合适位置，并与地面电工配合将其导线拉向一侧并固定（中相导线也可采用专用撑杆将其拉向一侧）	
3	组立直线电杆	步骤 1：地面电工对组立的电杆杆顶使用电杆遮蔽罩进行绝缘遮蔽，其绝缘遮蔽长度要适当延长，并系好电杆起吊绳（吊点在电杆地上部分 1/2 处）。 步骤 2：吊车操作工在吊车指挥工的指挥下，操作吊车缓慢起吊电杆，在电杆缓慢起吊到吊绳全部受力时暂停起吊，检查确认吊车支腿及其他受力部位情况正常，地面电工在杆根处合适位置系好绝缘绳以控制杆根方向；为确保作业安全，起吊电杆的杆根应设置接地保护措施，作业时杆根作业人员应穿绝缘靴、戴绝缘保护手套，起重设备操作人员应穿绝缘靴。 步骤 3：检查确认绝缘遮蔽可靠，吊车操作工在吊车指挥工的指挥下，操作吊车在缓慢地将新电杆吊至预定位置，配合吊车指挥工和工作负责人注意控制电杆两侧方向的平衡情况和杆根的入洞情况，电杆起立，校正后回填夯实，拆除杆根接地保护。 步骤 4：杆上电工登杆配合斗内电工拆除吊绳和两侧控制绳，安装横担、杆顶支架、绝缘子等后，杆上电工返回地面，吊车撤离工作区域。 步骤 5：斗内电工完成横担、绝缘子绝缘遮蔽后，缓慢拆除绝缘导线撑杆和斜拉绝缘绳。	

序号	作业内容	步骤及要求	备注
3	组立直线电杆	步骤6：斗内电工相互配合按照先中间相、后两边相的顺序，依次使用绝缘小吊绳提升导线置于绝缘子顶槽内，使用盘成小盘的绑扎线固定后，恢复绝缘遮蔽，组立直线电杆工作结束	
4	拆除绝缘遮蔽，退出带电作业区域	步骤1：斗内电工向工作负责人汇报确认本项工作已完成。 步骤2：斗内电工转移绝缘斗至导线外侧合适作业位置，按照"从远到近、从上到下、先接地体后带电体"的原则，以及"远边相、中间相、近边相"的顺序（与遮蔽相反），拆除绝缘遮蔽。 步骤3：斗内电工检查杆上无遗留物后，操作绝缘斗退出带电作业区域，返回地面，配合地面人员卸下斗内工具，收回绝缘斗臂车支腿（包括接地线和垫板），斗内工作结束	

2. 绝缘保护手套作业法（斗臂车和吊车作业）带电更换直线杆作业

绝缘保护手套作业法（斗臂车和吊车作业）带电更换直线杆作业，以图 5-36 所示的直线杆（三角排列）为例，其现场作业工作见表 5-42。

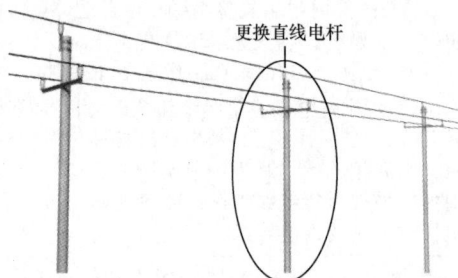

图 5-36　直线杆（三角排列）示意图

表 5-42　　　　　　　　　　　现场作业工作

序号	作业内容	步骤及要求	备注
1	进入带电作业区域，验电，设置绝缘遮蔽措施	步骤1：斗内电工穿戴好绝缘防护用具，经工作负责人检查合格后进入绝缘斗、挂好安全带保险钩。 步骤2：斗内电工调整绝缘斗至合适位置，使用验电器对绝缘子、横担进行验电，确认无漏电现象汇报给工作负责人，连同现场检测的风速、湿度一并记录在工作票备注栏内。 步骤3：斗内电工调整绝缘斗至近边相导线外侧适当位置，按照"从近到远、从下到上、先带电体后接地体"的遮蔽原则，以及"近边相、中间相、远边相"的遮蔽顺序，依次对作业范围内的导线、绝缘子、横担、杆顶等进行绝缘遮蔽。绝缘遮蔽长度要适当延长，以确保更换电杆时不触及带电导线	
2	专用撑杆法支撑导线	步骤1：斗内电工转移绝缘斗至边相导线外侧合适位置，依次使用绝缘小吊绳吊起边相导线，拆除绝缘子绑扎线，恢复绝缘遮蔽，平稳地下放导线，在更换杆两侧分别使用绝缘撑杆将两边相导线撑开至合适位置； 步骤2：斗内电工转移绝缘斗至中间相导线外侧，使用绝缘小吊绳吊起中间相导线，拆除绝缘子绑扎线，恢复绝缘遮蔽，使用绝缘绳由地面电工配合将其导线拉向一侧并固定。	

序号	作业内容	步骤及要求	备注
2	专用撑杆法支撑导线	步骤3：斗内电工在杆上电工的配合下拆除绝缘子、横担及立铁，并对杆顶使用电杆遮蔽罩进行绝缘遮蔽，其绝缘遮蔽长度要适当延长	
3	撤除直线电杆	步骤1：地面电工对杆顶使用电杆遮蔽罩进行绝缘遮蔽，其绝缘遮蔽长度要适当延长，并系好电杆起吊绳（吊点在电杆地上部分 1/2 处）。 对于同杆架设线路，吊钩穿越低压线时应做好吊车的接地工作；低压导线应加装绝缘遮蔽罩或绝缘套管并用绝缘绳向两侧拉开，增加电杆下降的通道宽度；在电杆低压导线下方位置增加两道横风绳。 步骤2：吊车操作工在吊车指挥工的指挥下缓慢起吊电杆，在电杆缓慢起吊 到吊绳全部受力时暂停起吊，检查确认吊车支腿及其他受力部位情况正常，地面电工在杆根处合适位置系好绝缘绳以控制杆根方向；为确保作业安全，起吊电杆的杆根应设置接地保护措施，作业时杆根作业人员应穿绝缘靴、戴绝缘保护手套，起重设备操作人员应穿绝缘靴。 步骤3：检查确认绝缘遮蔽可靠，吊车操作工操作吊车缓慢地将电杆放落至地面，地面电工拆除杆根接地保护、吊绳以及杆顶上的绝缘遮蔽，将杆坑回土夯实，吊车撤离工作区域，撤除直线电杆工作结束	
4	组立直线电杆	步骤1：地面电工对组立的电杆杆顶使用电杆遮蔽罩进行绝缘遮蔽，其绝缘遮蔽长度要适当延长，并系好电杆起吊绳（吊点在电杆地上部分 1/2 处）。 步骤2：吊车操作工在吊车指挥工的指挥下，操作吊车缓慢起吊电杆，在电杆缓慢起吊到吊绳全部受力时暂停起吊，检查确认吊车支腿及其他受力部位情况正常，地面电工在杆根处合适位置系好绝缘绳以控制杆根方向；为确保作业安全，起吊电杆的杆根应设置接地保护措施，作业时杆根作业人员应穿绝缘靴、戴绝缘保护手套，起重设备操作人员应穿绝缘靴。 步骤3：检查确认绝缘遮蔽可靠，吊车操作工在吊车指挥工的指挥下，操作吊车在缓慢地将新电杆至预定位置，配合吊车指挥工和工作负责人注意控制电杆两侧方向的平衡情况和杆根的入洞情况，电杆起立，校正后回 土夯实，拆除杆根接地保护。 步骤4：杆上电工登杆配合斗内电工拆除吊绳和两侧控制绳，安装横担、杆顶支架、绝缘子等后，杆上电工返回地面，吊车撤离工作区域。 步骤5：斗内电工对横担、绝缘子等进行绝缘遮蔽，缓慢拆除绝缘导线撑杆和斜拉绝缘绳。 步骤6：斗内电工相互配合按照先中间相、后两边相的顺序，依次使用绝缘小吊绳提升导线置于绝缘子顶槽内，使用盘成小盘的绑扎线固定后，恢复绝缘遮蔽，组立直线电杆工作结束	
5	拆除绝缘遮蔽，退出带电作业区域	步骤1：斗内电工向工作负责人汇报确认本项工作已完成。 步骤2：斗内电工转移绝缘斗至导线外侧合适作业位置，按照"从远到近、从上到下、先接地体后带电体"的原则，以及"远边相、中间相、近边相"的顺序（与遮蔽相反），拆除绝缘遮蔽。 步骤3：斗内电工检查杆上无遗留物后，操作绝缘斗退出带电作业区域，返回地面，配合地面人员卸下斗内工具，收回绝缘斗臂车支腿（包括接地线和垫板），斗内工作结束	

3. 绝缘保护手套作业法+绝缘引流线法（斗臂车作业）或旁路作业法带负荷直线杆改耐张杆作业

绝缘保护手套作业法+绝缘引流线法（斗臂车作业）或旁路作业法带负荷直线杆改耐张杆作业，以图 5-37 所示的直线杆（三角排列）为例，其现场作业工作见表 5-43。

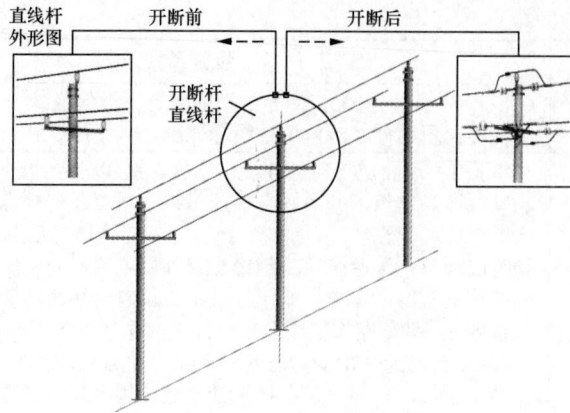

图 5-37　直线杆（三角排列）示意图

表 5-43　　　　　　　　　　　　　　　现场作业工作

序号	作业内容	步骤及要求	备注
1	进入带电作业区域，验电，设置绝缘遮蔽措施	步骤 1：斗内电工穿戴好绝缘防护用具，经工作负责人检查合格后进入绝缘斗、挂好安全带保险钩。 步骤 2：斗内电工调整绝缘斗至合适位置，使用验电器对绝缘子、横担进行验电，确认无漏电现象，使用电流检测仪确认负荷电流满足绝缘引流线使用要求汇报给工作负责人，连同现场检测的风速、湿度一并记录在工作票备注栏内。 步骤 3：斗内电工调整绝缘斗至近边相导线外侧适当位置，按照"从近到远、从下到上、先带电体后接地体"的遮蔽原则，以及"近边相、中间相、远边相"的遮蔽顺序，依次对作业范围内的导线、绝缘子、横担、杆顶等进行绝缘遮蔽	
2	支撑导线（电杆用绝缘横担法），直线横担改为耐张横担	步骤 1：斗内电工在地面电工的配合下，调整绝缘斗至相间合适位置，在电杆上高出横担约 0.4m 的位置安装绝缘横担。 步骤 2：斗内电工调整绝缘斗至近边相外侧适当位置，使用绝缘小吊绳在铅垂线上固定导线。 步骤 3：斗内电工拆除绝缘子绑扎线，提升近边相导线置于绝缘横担上的固定槽内可靠固定。 步骤 4：按照相同的方法将远边相导线置于绝缘横担的固定槽内并可靠固定。 步骤 5：斗内电工相互配合拆除直线杆绝缘子和横担，安装耐张横担，装好耐张绝缘子和耐张线夹	
3	安装绝缘引流线，开断三相导线为耐张连接	步骤 1：斗内电工相互配合在耐张横担上安装耐张横担遮蔽罩，在耐张横担下方合适位置安装绝缘引流线支架，完成后恢复耐张绝缘子和耐张线夹处的绝缘遮蔽。 步骤 2：斗内电工使用斗臂车小吊绳将近边相导线缓缓落下，放置到耐张横担遮蔽罩上固定槽内。 步骤 3：斗内电工转移绝缘斗至近边相导线外侧合适位置，在横担两侧导线上安装好绝缘紧线器及绝缘保护绳，操作绝缘紧线器将导线收紧至便于开断状态。 步骤 4：斗内电工根据绝缘引流线长度，在适当位置打开近边相导线的绝缘遮蔽，剥除两端挂接处导线上的绝缘层。	

序号	作业内容	步骤及要求	备注
3	安装绝缘引流线，开断三相导线为耐张连接	步骤 5：斗内电工使用绝缘绳将绝缘引流线临时固定在主导线上，中间支撑在绝缘引流线支架上。 步骤 6：斗内电工调整绝缘斗至合适位置，先将绝缘引流线的一端线夹与一侧主导线连接可靠后，再将绝缘引流线的另一端线夹挂接到另一侧主导线上，完成后恢复绝缘遮蔽。 步骤 7：斗内电工使用电流检测仪检测绝缘引流线电流确认通流正常后，使用断线剪将近边相导线剪断，将近边相两侧导线分别固定在耐张线夹内。 步骤 8：斗内电工确认导线连接可靠后，拆除绝缘紧线器和绝缘保护绳。 步骤 9：斗内电工在确保横担及绝缘子绝缘遮蔽到位的前提下，完成近边相导线引线接续工作。 步骤 10：斗内电工使用电流检测仪检测耐张引线电流确认通流正常，拆除绝缘引流线，完成后恢复绝缘遮蔽，近边相导线的开断和接续工作结束。 步骤 11：开断和接续远边相导线按照相同的方法进行。 步骤 12：开断中间相导线时，斗内电工操作小吊臂提升中间相导线 0.4 米以上，耐张绝缘子和耐张线夹安装后，将中间相导线重新降至中间相绝缘子顶槽内绑扎牢靠，斗内电工按照同样的方法开断和接续中间相导线，完成后拆除中间相绝缘子和杆顶支架，恢复杆顶绝缘遮蔽。 步骤 13：三相导线开断和接续完成后，拆除绝缘引流线支架	
4	拆除绝缘遮蔽，退出带电作业区域	步骤 1：斗内 1 号电工向工作负责人汇报确认本项工作已完成。 步骤 2：斗内电工转移绝缘斗至导线外侧合适作业位置，按照"从远到近、从上到下、先接地体后带电体"的原则，以及"远边相、中间相、近边相"的顺序（与遮蔽相反），拆除绝缘遮蔽。 步骤 3：斗内电工检查杆上无遗留物后，操作绝缘斗退出带电作业区域，返回地面，配合地面人员卸下斗内工具，收回绝缘斗臂车支腿（包括接地线和垫板），斗内工作结束	

六、作业后的终结工作（见表 5-44）

表 5-44　　　　　　　　　作业后的终结工作

序号	作业内容	步骤及要求	备注
1	清理现场	步骤 1：工作班成员整理工具、材料，清洁后装箱、装袋。 步骤 2：工作班成员清理现场：工完、料尽、场地清	
2	召开收工会	步骤 1：点评本项工作的完成情况。 步骤 2：点评安全措施的落实情况。 步骤 3：点评作业指导书的执行情况	
3	工作终结	步骤 1：工作负责人向值班调控人员或运维人员报告申请终结工作票，记录许可方式、工作许可人和终结报告时间，并签字确认，宣布本项工作结束。	

续表

序号	作业内容	步骤及要求	备注
3	工作终结	步骤2：工作负责人组织工作班成员撤离现场，到达班组后将作业资料分类归档	

第四节 设备类项目

10kV 配网不停电作业"设备类"项目包括：带电"更换"避雷器、带电"更换"熔断器、带负荷"更换"熔断器、带电"更换"柱上隔离开关、带电"更换"柱上开关（断路器、负荷开关）、带负荷"更换或加装"柱上隔离开关、带负荷"更换或加装"柱上开关（断路器、负荷开关）等。其中：

（1）不带负荷类项目（通常称为带电更换××项目），是指配电线路处于"带电状态"，需更换设备处于"断开（拉开、开口）"状态的作业项目，更换"设备处不带负荷"。

（2）带负荷类项目（通常称为带负荷更换××项目），是指需更换设备处于"闭合（合上、闭口）"状态的作业项目。应当注意的是：带负荷类项目必须保证在短接设备前，需更换设备处于可靠的"闭合"状态下方可进行。

一、人员配置

常见的设备类作业项目人员配置如图 5-38 所示，绝缘杆作业法（登杆作业）带电更换熔断器项目人员配置分别见表 5-45，绝缘保护手套作业法（绝缘斗臂车作业）带电更换熔断器或隔离开关项目人员配置见表 5-46，绝缘保护手套作业法（绝缘斗臂车作业）带负荷更换隔离开关或柱上开关项目人员配置见表 5-47。

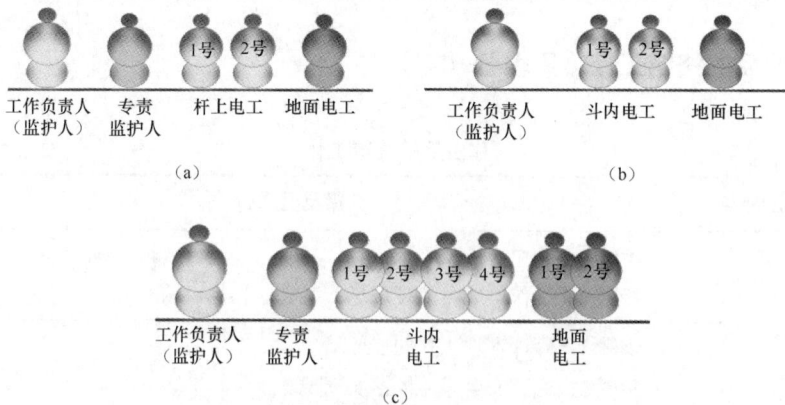

图 5-38 常见的设备类作业项目人员配置示意图

（a）绝缘杆作业法（登杆作业）带电更换熔断器项目；
（b）绝缘保护手套作业法（绝缘斗臂车作业）带电更换熔断器或隔离开关项目；
（c）绝缘保护手套作业法（绝缘斗臂车作业）带负荷更换隔离开关或柱上开关项目

表 5-45　　　　　绝缘杆作业法（登杆作业）带电更换熔断器项目人员配置

√	序号	责任人	人数	分工	备注
	1	工作负责人（监护人）	1	执行配电带电作业工作票，组织、指挥带电作业工作，作业中全程监护和落实作业现场安全措施	
	2	杆上电工	2	杆上 1 号电工：负责带电更换熔断器工作。 杆上 2 号辅助电工：配合杆上 1 号电工作业	
	3	地面电工	1	负责地面工作，配合杆上电工作业	

表 5-46　绝缘保护手套作业法（绝缘斗臂车作业）带电更换熔断器或隔离开关项目人员配置

序号	责任人	人数	分工	备注
1	工作负责人（监护人）	1	执行配电带电作业工作票，组织、指挥带电作业工作，作业中全程监护和落实作业现场安全措施	
2	斗内电工	2	斗内 1 号电工：负责带电更换熔断器或隔离开关工作。 斗内 2 号电工：配合斗内 1 号电工作业	
3	地面电工	1	负责地面工作，配合斗内电工作业	

表 5-47　绝缘保护手套作业法（绝缘斗臂车作业）带负荷更换隔离开关或柱上开关项目人员配置

序号	责任人	人数	分工	备注
1	工作负责人（监护人）	1	执行配电带电作业工作票，组织、指挥带电作业工作，作业中全程监护和落实作业现场安全措施	
2	监护人	1	配合工作负责人履行职责，监护和落实作业现场安全措施	
3	斗内电工	4	1 号斗臂车斗内 1 号电工：负责带负荷更换隔离开关或柱上开关工作，斗内 2 号电工：配合斗内 1 号电工作业； 2 号斗臂车斗内 1 号电工：负责带负荷更换隔离开关或柱上开关工作，斗内 2 号电工：配合斗内 1 号电工作业	
4	地面电工	2	负责地面工作，配合斗内电工作业	

二、工器具配置

1. 特种车辆和登杆工具

特种车辆（移动库房车）和登杆工具（金属脚扣）如图 5-2 所示，配置见表 5-48。

表 5-48　　　　　特种车辆（移动库房车）和登杆工具（金属脚扣）配置

序号	名称		规格、型号	单位	数量	备注
1	特种车辆	绝缘斗臂车	10kV	辆	2	
2		移动库房车		辆	1	
3	登杆工具	金属脚扣	12～18m 电杆用	副	2	

2. 个人绝缘防护用具

个人绝缘防护用具如图 5-39 所示，配置见表 5-49。

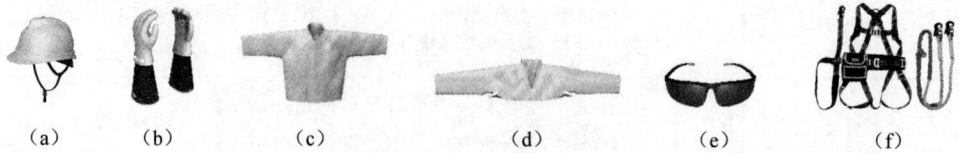

图 5-39　个人绝缘防护用具

（a）绝缘安全帽；（b）绝缘保护手套+羊皮或仿羊皮保护手套；（c）绝缘服；（d）绝缘披肩；（e）护目镜；（f）安全带

表 5-49　　　　　　　　　　　　　个人绝缘防护用具配置

序号	名称	规格、型号	单位	数量	备注
1	绝缘安全帽	10kV	顶	4	
2	绝缘保护手套	10kV	双	7	戴防刺穿保护手套
3	绝缘披肩（绝缘服）	10kV	件	4	根据现场情况选择
4	护目镜		副	4	
5	安全带		副	4	有后背保护绳

3. 绝缘遮蔽用具

绝缘遮蔽用具如图 5-40 所示，配置见表 5-50。

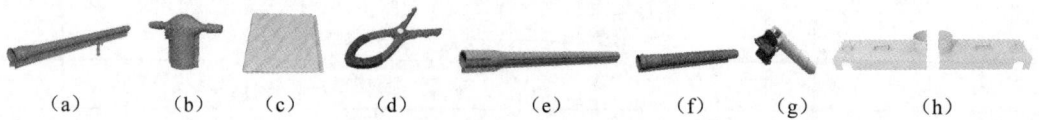

图 5-40　绝缘遮蔽用具（根据实际工况选择）

（a）绝缘杆式导线遮蔽罩；（b）绝缘杆式绝缘子遮蔽罩；（c）绝缘毯；（d）绝缘毯夹；（e）导线遮蔽罩；
（f）引线遮蔽罩（根据实际情况选用）；（g）导线端头遮蔽罩；（h）耐张横担遮蔽罩

表 5-50　　　　　　　　　　　　　绝缘遮蔽用具配置

序号	名称	规格、型号（kV）	单位	数量	备注
1	导线遮蔽罩	10	个	3	绝缘杆作业法用
2	绝缘子遮蔽罩	10	个	2	绝缘杆作业法用
3	导线遮蔽罩	10	根	18	不少于配备数量
4	引线遮蔽罩	10	根	12	根据实际情况选用
5	绝缘毯	10	块	28	不少于配备数量
6	绝缘毯夹		个	56	不少于配备数量
7	导线端头遮蔽罩	10	根	6	备用
8	耐张横担遮蔽罩	10	副	1	

4. 绝缘工具

绝缘工具如图 5-41 所示，配置见表 5-51。

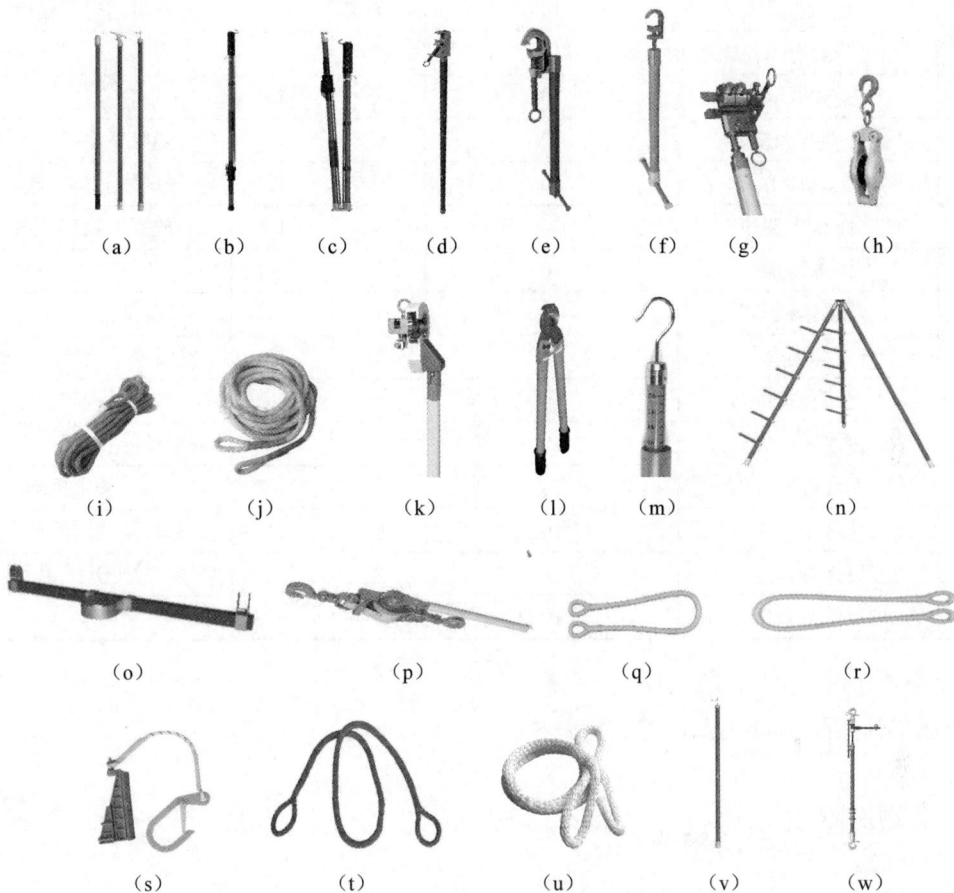

图 5-41 绝缘工具（根据实际工况选择）

（a）绝缘操作杆；（b）伸缩式绝缘锁杆（射枪式操作杆）；（c）伸缩式折叠绝缘锁杆（射枪式操作杆）；
（d）绝缘（双头）锁杆；（e）绝缘吊杆 1；（f）绝缘吊杆 2；（g）并购线夹安装专用工具（根据线夹选择）；
（h）绝缘滑车；（i）绝缘传递绳 1（防潮型）；（j）绝缘传递绳 2（普通型）；（k）绝缘导线剥皮器（推荐使用电动式）；
（l）绝缘断线剪；（m）绝缘测量杆；（n）绝缘工具支架；（o）绝缘横担；（p）软质绝缘紧线器；（q）绝缘绳套（短）；
（r）绝缘保护绳（长）；（s）绝缘防坠绳；（t）绝缘千斤绳 1（防潮型）；（u）绝缘千斤绳 1（普通型）；（v）绝缘操作杆；
（w）桥接工具之硬质绝缘紧线器

表 5-51　　　　　　　　　　　　　　绝缘工具配置

序号	名称	规格、型号（kV）	单位	数量	备注
1	绝缘滑车	10	个	1	绝缘传递绳用
2	绝缘绳套	10	个	1	挂滑车用
3	绝缘传递绳	10	根	2	$\phi12mm \times 15m$
4	绝缘（双头）锁杆	10	个	1	可同时锁定两根导线
5	伸缩式绝缘锁杆	10	个	1	射枪式操作杆

续表

序号	名称	规格、型号（kV）	单位	数量	备注
6	绝缘吊杆	10	个	3	临时固定引线用
7	绝缘测量杆	10	个	1	
8	绝缘断线剪	10	个	1	
9	绝缘导线剥皮器	10	套	1	绝缘杆作业法用
10	线夹装拆工具	10	套	1	根据线夹类型选择
11	绝缘支架		个	1	放置绝缘工具用
12	绝缘横担	10	个	1	电杆用
13	绝缘紧线器	10	个	2	配卡线器2个
14	绝缘绳套	10	个	3	紧线器、保护绳等用
15	绝缘保护绳	10	根	2	配卡线器2个
16	绝缘防坠绳	10	个	6	临时固定引下电缆用
17	绝缘控制绳	10	个	1	起吊开关用控制绳
18	绝缘千斤绳	10	个	2	起吊开关用千斤绳
19	绝缘操作杆	10	个	2	拉合开关用
20	硬质绝缘紧线器	10	个	6	桥接工具

5. 金属工具

金属工具如图5-42所示，配置见表5-52。

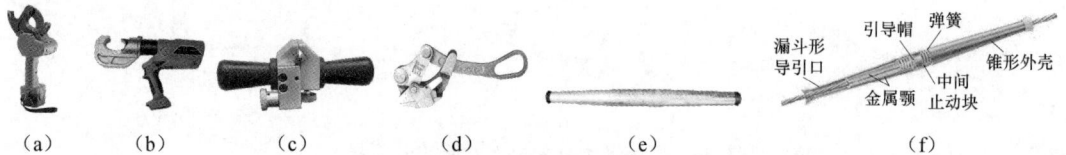

图5-42　金属工具（根据实际工况选择）

（a）电动断线切刀；（b）液压钳；（c）绝缘导线剥皮器；（d）卡线器；（e）桥接工具之专用快速接头；
（f）桥接工具之专用快速接头构造图

表5-52　　　　　　　　　　　金属工具配置

序号	名称	规格、型号	单位	数量	备注
1	电动断线切刀		个	1	
2	液压钳		个	1	压接设备线夹用
3	绝缘导线剥皮器		个	2	
4	卡线器		个	4	
5	专用快速接头		个	6	桥接工具

6. 旁路设备

旁路设备如图5-43所示，配置见表5-53。

图 5-43　旁路设备（根据实际工况选择）

（a）绝缘引流线+旋转式紧固手柄；（b）带消弧开关的绝缘引流线；（c）旁路引下电缆；（d）旁路负荷开关分闸位置；
（e）旁路负荷开关合闸位置；（f）余缆支架

表 5-53　　　　　　　　　　　　　　旁路设备配置

序号	名称	规格、型号	单位	数量	备注
1	绝缘引流线	10kV	个	3	根据实际情况选择个数
2	旁路引下电缆	10kV，200A	组	2	黄绿红 3 根 1 组，15m
3	旁路负荷开关	10kV，200A	台	1	带核相装置/安装抱箍
4	余缆支架		根	2	含电杆安装带

7. 仪器仪表

仪器仪表如图 5-44 所示，配置见表 5-54。

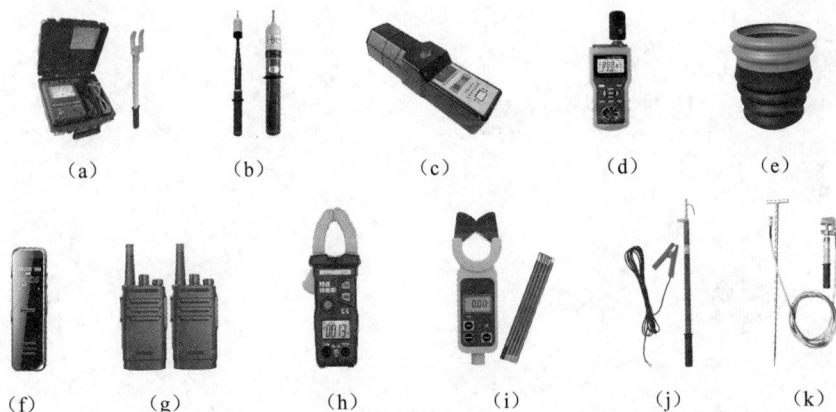

图 5-44　仪器仪表（根据实际工况选择）

（a）绝缘电阻测试仪+电极板；（b）高压验电器；（c）工频高压发生器；（d）风速湿度仪；
（e）绝缘保护手套充压气检测器；（f）录音笔；（g）对讲机；（h）钳形电流表 1（手持式）；
（i）钳形电流表 2（绝缘杆式）；（j）放电棒；（k）接地棒

表 5-54　　　　　　　　　　　　　　仪器仪表配置

序号	名称	规格、型号	单位	数量	备注
1	绝缘电阻测试仪	2500V 及以上	套	1	含电极板
2	钳形电流表	高压	个	1	推荐绝缘杆式
3	高压验电器	10kV	个	1	
4	工频高压发生器	10kV	个	1	

续表

序号	名称	规格、型号	单位	数量	备注
5	风速湿度仪		个	1	
6	绝缘保护手套充压气检测器		个	1	
7	录音笔				记录作业对话用
8	对讲机	户外无线手持	台	3	杆上杆下监护指挥用
9	放电棒		个	1	带接地线
10	接地棒和接地线		个	2	包括旁路负荷开关用

8. 其他和材料

其他如图 5-9 所示，材料如图 5-45 所示，配置见表 5-55。

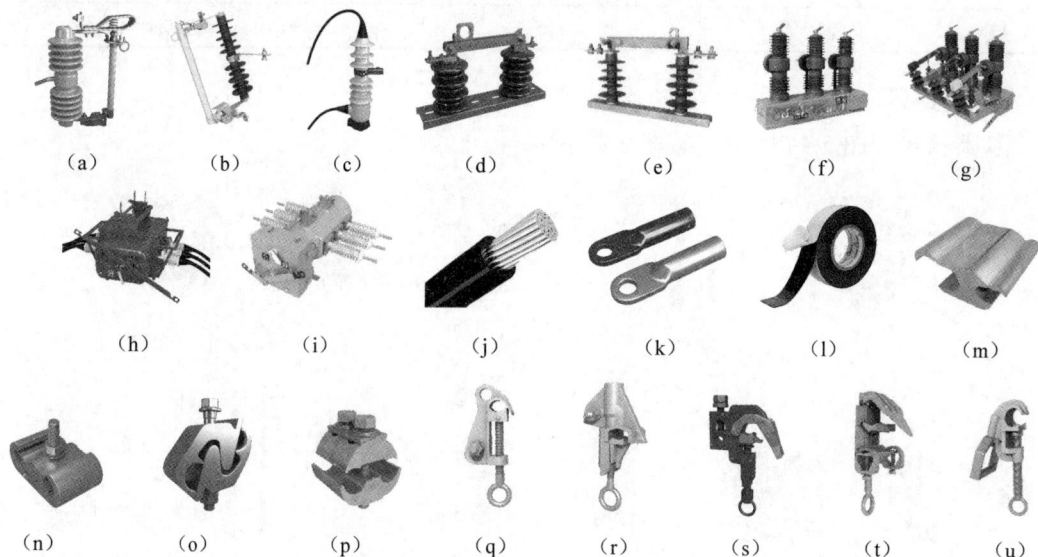

图 5-45 材料（根据实际工况选择）

（a）瓷绝缘支柱熔断器；（b）复合绝缘支柱熔断器；（c）全绝缘封闭型熔断器；（d）瓷绝缘支柱隔离开关；（e）复合绝缘支柱隔离开关；（f）柱上开关 1（断路器）；（g）柱上开关 2（断路器）；（h）柱上开关 3（断路器）；（i）柱上开关 4（负荷开关）；（j）制作引线用绝缘导线；（k）液压型铜铝设备线夹；（l）绝缘自粘带；（m）H 型线夹；（n）C 型线夹；（o）螺栓 J 型线夹；（p）并沟线夹；（q）猴头线夹型式 1；（r）猴头线夹型式 2；（s）猴头线夹型式 3；（t）猴头线夹型式 4；（u）马镫线夹型式 1

表 5-55　　　　　　　　　　其他和材料配置

序号		名称	规格、型号	单位	数量	备注
1	其他	防潮苫布		块	若干	根据现场情况选择
2		个人手工工具		套	1	推荐用绝缘手工工具
3		安全围栏		组	1	

续表

序号	名称		规格、型号	单位	数量	备注
4	其他	警告标志		套	1	
5		路障和减速慢行标志		组	1	
6	材料	跌落式熔断器		个	3	根据现场情况选择型号
7		隔离开关		个	3	根据现场情况选择型号
8		柱上开关		台	1	根据现场情况选择型号
9		绝缘导线		米	若干	制作引线
10		清洁纸和硅脂膏		个	若干	清洁和涂抹接头用
11		绝缘自粘带		卷	若干	恢复绝缘用
12		设备线夹		个	若干	制作开关引线端子用
13		搭接线夹		个	若干	根据现场情况选择型号

三、风险管控

1. 绝缘杆作业法

（1）杆上电工登杆作业应正确使用安规规定的安全带，到达安全作业工位后（远离带电体保持足够的安全作业距离），应将个人使用的后备保护绳（二防绳）安全可靠的固定在电杆合适位置上。

（2）杆上电工在电杆或横担上悬挂（拆除）绝缘传递绳时，应使用绝缘操作杆在确保安全作业距离的前提下进行。

（3）采用绝缘杆作业法（登杆）作业时，杆上电工应根据作业现场的实际工况正确穿戴绝缘防护用具，做好人身安全防护工作。

（4）个人绝缘防护用具使用前必须进行外观检查，绝缘保护手套使用前必须进行充（压）气检测，确认合格后方可使用。带电作业过程中，禁止摘下绝缘防护用具。

（5）杆上电工作业过程中，包括设置（拆除）绝缘遮蔽（隔离）用具的作业中，站位选择应合适，在不影响作业的前提下，应确保人体远离带电体，手持绝缘操作杆的有效绝缘长度不小于 0.7m、人体与带电体保持足够的安全作业距离。

（6）杆上作业人员伸展身体各部位有可能同时触及不同电位（带电体和接地体）的设备时，或作业中不能有效保证人体与带电体最小 0.4m 以上的安全距离时，作业前必须对带电体进行绝缘遮蔽（隔离），遮蔽用具之间的重叠部分不得小于 150mm。

（7）杆上电工配合作业断开（搭接）引线时，应采用绝缘操作杆和绝缘（双头）锁杆防止断开（搭接）的引线摆动碰及带电设备的可靠方法与措施，移动断开（搭接）的引线时应密切注意与带电体保持可靠的安全距离（0.4m）；已断开的引线应视为带电，严禁人体同时接触两个不同的电位体。

2. 绝缘保护手套作业法

（1）进入绝缘斗内的作业人员必须穿戴个人绝缘防护用具（绝缘保护手套、绝缘服或绝缘披肩等），做好人身安全防护工作。使用的安全带应有良好的绝缘性能，起臂前安全带保险钩必须系挂在斗内专用挂钩上。

（2）个人绝缘防护用具使用前必须进行外观检查，绝缘保护手套使用前必须进行充（压）气检测，确认合格后方可使用。带电作业过程中，禁止摘下绝缘防护用具。

（3）绝缘斗臂车使用前应可靠接地。作业中的绝缘斗臂车绝缘臂伸出的有效绝缘长度不小于1.0m。

（4）斗内电工对带电作业中可能触及的带电体和接地体设置绝缘遮蔽（隔离）措施时，缘遮蔽（隔离）的范围应比作业人员活动范围增加0.4m以上，绝缘遮蔽用具之间的重叠部分不得小于150mm，遮蔽措施应严密与牢固。

（5）斗内电工按照"先外侧（近边相和远边相）、后内侧（中间相）"的顺序依次进行同相绝缘遮蔽（隔离）时，应严格遵循"先带电体后接地体"的原则。绝缘斗内双人作业时，禁止在不同相或不同电位同时作业进行绝缘遮蔽（隔离）。

（6）斗内电工作业时严禁人体同时接触两个不同的电位体，包括设置（拆除）绝缘遮蔽（隔离）用具的作业中，作业工位的选择应合适，在不影响作业的前提下，人身务必与带电体和接地体保持一定的安全距离，以防斗内电工作业过程中人体串入电路。绝缘斗内双人作业时，禁止同时在不同相或不同电位作业。

（7）斗内电工按照"先内侧（中间相）、后外侧（近边相和远边相）"的顺序依次拆除同相绝缘遮蔽（隔离）用具时，应严格遵循"先接地体后带电体"的原则。绝缘斗内双人作业时，禁止在不同相或不同电位同时作业进行绝缘遮蔽用具的拆除。

（8）绝缘杆作业法（登杆作业）带电更换熔断器作业时：①斗内电工配合作业断开（搭接）引线时，应采用绝缘（双头）锁杆防止断开（搭接）的引线摆动碰及带电设备的可靠方法与措施，移动断开（搭接）的引线时应密切注意与带电体保持可靠的安全距离（0.4m）。②断（接）引线以及更换（三相）熔断器时，严禁人体同时接触两个不同的电位体，断开（搭接）开主线引线时严禁人体串入电路，已断开（未接入）的引线应视为带电。

（9）绝缘保护手套作业法（绝缘斗臂车作业）带电更换熔断器或隔离开关作业时：①斗内电工配合作业断开（搭接）引线时，应采用绝缘（双头）锁杆防止断开（搭接）的引线摆动碰及带电设备的可靠方法与措施，移动断开（搭接）的引线时应密切注意与带电体保持可靠的安全距离（0.4m）。②断（接）引线以及更换（三相）熔断器时，严禁人体同时接触两个不同的电位体，断开（搭接）开主线引线时严禁人体串入电路，已断开（未接入）的引线应视为带电。

（10）绝缘引流线法作业时：①绝缘引流线的安装应采用专用支架（或绝缘横担）进行支撑和固定。安装绝缘引流线前应查看额定电流值，所带负荷电流不得超过绝缘引流线的额定电流。当导线连接（线夹）处发热时，禁止使用绝缘引流线进行短接，需要使用单相开关短接。②搭接绝缘引流线时应确保连接可靠、相位正确、通流正常。短接每一相时，应注意绝缘引流线另一端头不得放在工作斗内。三相绝缘引流线搭接未完成前严禁拉开隔离开关，三相隔离开关未合上前严禁拆除绝缘引流线。③斗内电工配合作业断开（搭接）引线时，应采用绝缘（双头）锁杆防止断开（搭接）的引线摆动碰及带电设备的可靠方法与措施，移动断开（搭接）的引线时应密切注意与带电体保持可靠的安全距离（0.4m）。④断（接）引线以及更换（三相）隔离开关时，应确保绝缘引流线连接可靠、相位正确、通流正常，断开（搭接）开主线引线时严禁人体串入电路，已断开（未接入）的引线应视为带电，严禁人体同时接触两个不同的电位体。⑤逐相拆除绝缘引流线时，应对先拆除端引流线夹部分进行绝缘遮蔽，拆下的绝缘引流线端头不得放在工作斗内，将其临时悬挂在绝缘引流线支架上。

（11）旁路作业法作业时：①带电安装（拆除）安装高压旁路引下电缆前，必须确认（电源侧）旁路负荷开关处于"分"闸状态并可靠闭锁。②带电安装（拆除）安装高压旁路引下电缆时，必须是在作业范围内的带电体（导线）完全绝缘遮蔽的前提下进行，起吊高压旁路引下电缆时应使用小吊臂缓慢进行。③带电接入旁路引下电缆时，必须确保旁路引下电缆的相色标记 "黄、绿、红"与高压架空线路的相位标记 A（黄）、B（绿）、C（红）保持一致。接入的顺序是"远边相、中间相和近边相"导线，拆除的顺序相反。④高压旁路引下电缆与旁路负荷开关可靠连接后，在与架空导线连接前，合上旁路负荷开关检测旁路回路绝缘电阻应不小于 500MΩ；检测完毕、充分放电后，断开且确认旁路负荷开关处于"分闸"状态并可靠闭锁。⑤在起吊高压旁路引下电缆前，应事先用绝缘毯将与架空导线连接的引流线夹遮蔽好，并在其合适位置系上长度适宜的起吊绳和防坠绳。⑥挂接高压旁路引下电缆的引流线夹时应先挂防坠绳、再拆起吊绳；拆除引流线夹时先挂起吊绳，再拆防坠绳；拆除后的引流线夹及时用绝缘毯遮蔽好后再起吊下落。⑦拉合旁路负荷开关应使用绝缘操作杆进行，旁路回路投入运行后应及时锁死闭锁机构。旁路回路退出运行，断开高压旁路引下电缆后应对旁路回路充分放电。⑧斗内电工配合作业断开（搭接）引线时，应采用绝缘（双头）锁杆防止断开（搭接）的引线摆动碰及带电设备的可靠方法与措施，移动断开（搭接）的引线时应密切注意与带电体保持可靠的安全距离（0.4m）。⑨断（接）引线以及更换柱上开关时，应确保旁路回路通流正常，断开（搭接）开主线引线时严禁人体串入电路，已断开（未接入）的引线应视为带电，严禁人体同时接触两个不同的电位体。⑩具有配网自动化功能的柱上开关，其电压互感器应退出运行。在拆除有配网自动化的柱上开关时，需将操动机构转至"OFF"位置，待更换完成后再行恢复"AUTO"位置。

（12）桥接施工法作业时：①使用硬质绝缘紧线器收紧导线时应确认紧线器两端卡线器性能完好，卡线牢固并使用绝缘保险绳作为后备保护，防止跑线。切断导线时要防止线头摆动。切断的导线端头应使用导线端头遮蔽罩。使用导线接续管进行导线承力接续时，应严格按照工艺要求施工，防止压接不良导致接头发热或承力不足。②本项目为协同配合作业：依据 Q/GDW 10799.8—2023《国家电网有限公司电力安全工作规程 第 8 部分：配电部分》（第 11.2.17）规定：带电、停电配合作业的项目，在带电、停电作业工序转换前，双方工作负责人应进行安全技术交接，并确认无误。

四、现场准备工作（见表 5-56）

表 5-56 现场准备工作

序号	作业内容	步骤及要求	备注
1	现场复勘	步骤 1：工作负责人核对线路名称和杆号正确、工作任务无误、安全措施到位，熔断器已断开，熔管已取下，负荷侧变压器、电压互感器已退出，作业装置和现场环境符合带电作业条件。 步骤 2：工作班成员确认天气良好，实测风速___级（不大于 5 级）、湿度___%（不大于 80%），符合作业条件。 步骤 3：工作负责人根据复勘结果告知工作班成员：现场具备安全作业条件，可以开展工作	
2	设置安全围栏和警示标志	步骤 1：工作班成员依据作业空间设置硬质安全围栏，包括围栏的出入口。 步骤 2：工作班成员设置"从此进出、施工现场、车辆慢行或车辆绕行"等警示标志或路障。 步骤 3：根据现场实际工况，增设临时交通疏导人员，应穿戴反光衣	
3	工作许可，召开站班会	步骤 1：工作负责人向值班调控人员或运维人员申请工作许可和停用重合闸许可，记录许可方式、工作许可人和许可工作（联系）时间，并签字确认。 步骤 2：工作负责人召开站班会宣读工作票。 步骤 3：工作负责人确认工作班成员对工作任务、危险点预控措施和任务分工都已知晓，履行工作票签字、确认手续，记录工作开始时间	
4	摆放和检查工器具，准备杆上（斗内）工作	步骤 1：工作班成员将工器具分区摆放在防潮帆布上。 步骤 2：工作班成员按照分工擦拭并外观检查工器具完好无损，绝缘工具绝缘电阻值检测不低于 700MΩ，绝缘保护手套充（压）气检测不漏气，脚扣、安全带冲击试验检测安全。 步骤 3：杆上电工穿戴好绝缘防护用具，准备开始登杆作业。 采用绝缘保护手套作业法时： 步骤 1：工作班成员将工器具分区摆放在防潮帆布上。 步骤 2：工作班成员按照分工擦拭并外观检查工器具完好无损，绝缘工具绝缘电阻值检测不低于 700MΩ，绝缘保护手套充（压）气检测不漏气，安全带冲击试验检测安全。 步骤 3：斗内电工擦拭并外观检查绝缘斗臂车的绝缘斗和绝缘臂外观完好无损，空斗试操作运行正常（升降、伸缩、回转等）。 步骤 4：斗内电工穿戴好绝缘防护用具进入绝缘斗、挂好安全带保险钩，地面电工将绝缘遮蔽用具和可携带的工具入斗。 步骤 5：斗内电工按照"先抬臂（离支架）、再伸臂（1m 线）、加旋转"的动作，操作绝缘斗准备起臂进入带电作业区域	

五、现场作业工作

1. 绝缘杆作业法（登杆作业）带电断熔断器上引线作业

绝缘杆作业法（登杆作业）带电更换熔断器上引线作业，以图 5-11 所示的直线分支杆（有熔丝支接装置，三角排列）为例，其现场作业工作见表 5-57。

表 5-57　　　　　　　　　　　　　　现场作业工作

序号	作业内容	步骤及要求	备注
1	进入带电作业区域，验电	步骤 1：获得工作负责人许可后，杆上电工穿戴好绝缘防护用，携带绝缘传递绳登杆至合适位置，将个人使用的后备保护绳（二防绳）系挂在电杆合适位置上。 步骤 2：杆上电工使用验电器对绝缘子、横担进行验电，确认无漏电现象汇报给工作负责人，连同现场检测的风速、湿度一并记录在工作票备注栏内。 步骤 3：杆上电工在确保安全距离的前提下，使用绝缘操作杆挂好绝缘传递绳	
2	断熔断器上引线	【方法】：拆除线夹法断熔断器上引线。 步骤 1：杆上电工使用绝缘锁杆将绝缘吊杆固定在近边相线夹附近的主导线上。 步骤 2：杆上电工使用绝缘锁杆将待断开的熔断器上引线临时固定在主导线上。 步骤 3：杆上电工相互配合使用线夹装拆工具拆除熔断器上引线与主导线的连接。 步骤 4：杆上电工使用绝缘锁杆将熔断器上引线缓缓放下，临时固定在绝缘吊杆的横向支杆上。 步骤 5：杆上电工使用绝缘锁杆将硬质遮蔽罩套在中间相熔断器上引线侧的近边相主导线和绝缘子上。 步骤 6：按相同的方法拆除远边相熔断器上引线，完成后同样使用绝缘锁杆将硬质遮蔽罩套在中间相熔断器上引线侧的远边相主导线和绝缘子上。 步骤 7：按相同的方法拆除中间相熔断器上引线。 步骤 8：杆上电工使用绝缘断线剪分别在熔断器上接线柱处将上引线剪断并取下。 步骤 9：杆上电工使用绝缘锁杆拆除两边相主导线上的导线遮蔽罩和绝缘子遮蔽罩。 步骤 10：杆上电工拆除三相导线上的绝缘吊杆	
3	更换熔断器	步骤 1：杆上电工使用绝缘锁杆将封口式硬质遮蔽罩套在熔断器上方的近边相主导线和绝缘子上。 步骤 2：杆上电工在确保熔断器上方导线绝缘遮蔽措施到位的前提下，选择合适的站位在地面电工的配合下完成三相熔断器的更换以及三相熔断器下引线在熔断器上的安装工作	
4	接熔断器上引线	方法：（在导线处）安装线夹法接熔断器上引线。 步骤 1：杆上电工使用绝缘锁杆将绝缘吊杆固定在待安装线夹附近的主导线上。	

续表

序号	作业内容	步骤及要求	备注
4	接熔断器上引线	步骤2：杆上电工将三根引线一端安装在熔断器上接线柱上，另一端使用绝缘锁杆临时固定在绝缘吊杆的横向支杆上。 步骤3：杆上电工使用绝缘锁杆拆除近边相熔断器上引线侧的导线遮蔽罩。 步骤4：杆上电工使用绝缘锁杆将开口式遮蔽罩套在中间相熔断器上引线侧的远边相主导线和绝缘子上。 步骤5：杆上电工使用绝缘锁杆锁住中间相熔断器上引线待搭接的一端，提升至距离横担不小于 0.6～0.7m 的主导线上并可靠固定。 步骤6：杆上电工配合使用线夹安装工具安装线夹，引线与导线可靠连接后撤除绝缘锁杆和绝缘吊杆。 步骤7：杆上电工使用绝缘锁杆拆除两边相主导线上的导线遮蔽罩和绝缘子遮蔽罩。 步骤8：按相同的方法搭接两边相熔断器上引线	
5	退出带电作业区域	步骤1：杆上电工向工作负责人汇报确认本项工作已完成。 步骤2：检查杆上无遗留物，杆上电工返回地面，工作结束	

2. 绝缘保护手套作业法（斗臂车作业）带电更换熔断器作业

绝缘保护手套作业法（斗臂车作业）带电更换熔断器，以图 5-13 所示的柱上变压器杆为例，其现场作业工作见表 5-58。

表 5-58　　　　　　　　　　　现场作业工作

序号	作业内容	步骤及要求	备注
1	进入带电作业区域，验电，设置绝缘遮蔽措施	步骤 1：斗内电工穿戴好绝缘防护用具，经工作负责人检查合格后进入绝缘斗、挂好安全带保险钩。 步骤 2：斗内电工调整绝缘斗至合适位置，使用验电器对绝缘子、横担进行验电，确认无漏电现象汇报给工作负责人，连同现场检测的风速、湿度一并记录在工作票备注栏内。 步骤3：斗内电工调整绝缘斗至近边相导线外侧适当位置，按照"从近到远、从下到上、先带电体后接地体"的遮蔽原则，以及"近边相、中间相、远边相"的遮蔽顺序，依次对作业范围内的导线、绝缘子、横担等进行绝缘遮蔽，引线搭接处使用绝缘毯进行遮蔽，选用绝缘吊杆法临时固定引线，遮蔽前先将绝缘吊杆固定在搭接处附近的主导线上	
2	更换熔断器	方法：（在导线处）拆除和安装线夹法更换熔断器。 步骤 1：斗内电工调整绝缘斗至近边相引线合适位置，打开线夹处的绝缘毯，使用绝缘锁杆将待断开的熔断器上引线临时固定在主导线上后拆除线夹。 步骤 2：斗内电工调整工作位置后，使用绝缘锁杆将熔断器上引线缓缓放下，临时固定在绝缘吊杆的横向支杆上，完成后恢复绝缘遮蔽。 步骤 3：其余两相引线的拆除按相同的方法进行，三相引线的拆除可按先两边相、再中间相的顺序进行，或根据现场工况选择。	

序号	作业内容	步骤及要求	备注
2	更换熔断器	步骤 4：斗内电工调整绝缘斗至熔断器横担前方合适位置，分别断开三相熔断器上（下）桩头引线，在地面电工的配合下完成三相熔断器的更换工作，以及三相熔断器上（下）桩头引线的连接工作，对新安装熔断器进行分合情况检查后，取下熔管。 步骤 5：斗内电工调整绝缘斗至中间相导线合适位置，打开搭接处的绝缘毯，使用绝缘锁杆锁住中间相熔断器上引线待搭接的一端，提升至搭接处主导线上可靠固定。 步骤 6：斗内电工使用线夹安装工具安装线夹，熔断器上引线与主导线可靠连接后撤除绝缘锁杆和绝缘吊杆，完成后恢复接续线夹处的绝缘、密封和绝缘遮蔽。 步骤 7：其余两相引线的搭接按相同的方法进行，三相引线的搭接可按先中间相、再两边相的顺序进行，或根据现场工况选择	
3	拆除绝缘遮蔽，退出带电作业区域	步骤 1：斗内电工向工作负责人汇报确认本项工作已完成。 步骤 2：斗内电工转移绝缘斗至合适作业位置，按照"从远到近、从上到下、先接地体后带电体"的原则，以及"远边相、中间相、近边相"的顺序（与遮蔽相反），拆除绝缘遮蔽。 步骤 3：斗内电工检查杆上无遗留物后，操作绝缘斗退出带电作业区域，返回地面，配合地面人员卸下斗内工具，收回绝缘斗臂车支腿（包括接地线和垫板），斗内工作结束	

3. 绝缘保护手套作业法（斗臂车作业）带电更换隔离开关

绝缘保护手套作业法（斗臂车作业）带电更换隔离开关，以图 5-46 所示的隔离开关杆（耐张杆，三角排列）为例，其现场作业工作见表 5-59。

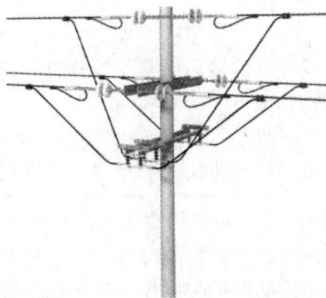

图 5-46 隔离开关杆（耐张杆，三角排列）示意图

表 5-59　　　　　　　　　　　　　现场作业工作

序号	作业内容	步骤及要求	备注
1	进入带电作业区域，验电，设置绝缘遮蔽措施	步骤 1：斗内电工穿戴好绝缘防护用具，经工作负责人检查合格后进入绝缘斗、挂好安全带保险钩。 步骤 2：斗内电工调整绝缘斗至合适位置，使用验电器对绝缘子、横担进行验电，确认无漏电现象，汇报给工作负责人，连同现场检测的风速、湿度一并记录在工作票备注栏内。	

续表

序号	作业内容	步骤及要求	备注
1	进入带电作业区域，验电，设置绝缘遮蔽措施	步骤3：斗内电工调整绝缘斗至近边相导线外侧适当位置，按照"从近到远、从下到上、先带电体后接地体"的遮蔽原则，以及"近边相、中间相、远边相"的遮蔽顺序，依次对作业范围内的导线、引线、耐张线夹、绝缘子等进行绝缘遮蔽，选用绝缘吊杆法临时固定引线，绝缘遮蔽前先将绝缘吊杆固定在引线搭接处附近的主导线上	
2	更换隔离开关	方法：（在导线处）拆除和安装线夹法更换隔离开关。 步骤1：斗内电工调整绝缘斗分别至近边相隔离开关负荷侧、电源侧导线的合适位置，打开引线搭接处的绝缘毯，使用绝缘锁杆将待断开的隔离开关引线临时固定在两侧的主导线上后，拆除线夹。隔离开关两侧引线的拆除，按照先电源侧（静触头侧）、再负荷侧（动触头侧）的顺序进行。 步骤2：斗内电工调整工作位置后，使用绝缘锁杆将隔离开关两侧引线缓缓放下，分别固定在绝缘吊杆的横向支杆上，完成后恢复绝缘遮蔽。 步骤3：其余两相引线的拆除按相同的方法进行，三相引线的拆除可按先两边相、再中间相的顺序进行，或根据现场工况选择。 步骤4：斗内电工调整绝缘斗至隔离开关横担前方合适位置，分别断开三相隔离开关两侧引线，在地面电工的配合下完成三相隔离开关的更换工作，以及三相隔离开关两侧引线的连接工作，对新安装隔离开关进行分、合试操作后，将隔离开关置于断开位置。 步骤5：斗内电工调整绝缘斗分别至中间相隔离开关负荷侧、电源侧导线的合适位置，打开引线搭接处的绝缘毯，使用绝缘锁杆锁住中间相隔离开关引线待搭接的一端，提升至搭接处主导线上可靠固定。隔离开关两侧引线的搭接，按照先负荷侧（动触头侧）、再电源侧（静触头侧）的顺序进行。 步骤6：斗内电工使用线夹安装工具安装线夹，隔离开关两侧引线分别与主导线可靠连接后撤除绝缘锁杆和绝缘吊杆，完成后恢复接续线夹处的绝缘、密封和绝缘遮蔽。 步骤7：其余两相引线的搭接按相同的方法进行，三相引线的搭接可按先中间相、再两边相的顺序进行，或根据现场工况选择	
3	拆除绝缘遮蔽，退出带电作业区域	步骤1：斗内电工向工作负责人汇报确认本项工作已完成。 步骤2：斗内电工转移绝缘斗至合适作业位置，按照"从远到近、从上到下、先接地体后带电体"的原则，以及"远边相、中间相、近边相"的顺序（与遮蔽相反），拆除绝缘遮蔽。 步骤3：斗内电工检查杆上无遗留物后，操作绝缘斗退出带电作业区域，返回地面，配合地面人员卸下斗内工具，收回绝缘斗臂车支腿（包括接地线和垫板），斗内工作结束	

4. 绝缘保护手套作业法（斗臂车作业）带负荷更换隔离开关

绝缘保护手套作业法（斗臂车作业）带负荷更换隔离开关，以图 5-47 所示的隔离开关杆（耐张杆，三角排列）为例，其现场作业工作见表 5-60。

表 5-60　　　　　　　　　　　　　　　现场作业工作

序号	作业内容	步骤及要求	备注
1	进入带电作业区域,验电,设置绝缘遮蔽措施	步骤 1：斗内电工穿戴好绝缘防护用具，经工作负责人检查合格后进入绝缘斗、挂好安全带保险钩。 步骤 2：斗内电工调整绝缘斗至合适位置，使用验电器对绝缘子、横担进行验电，确认无漏电现象，汇报给工作负责人，连同现场检测的风速、湿度一并记录在工作票备注栏内。 步骤 3：斗内电工调整绝缘斗至近边相导线外侧适当位置，按照"从近到远、从下到上、先带电体后接地体"的遮蔽原则，以及"近边相、中间相、远边相"的遮蔽顺序，依次对作业范围内的导线、引线、耐张线夹、绝缘子等进行绝缘遮蔽，选用绝缘吊杆法临时固定引线，绝缘遮蔽前先将绝缘吊杆固定在引线搭接处附近的主导线上	
2	安装绝缘引流线，更换隔离开关	方法：（在导线处）拆除和安装线夹法更换隔离开关。 步骤 1：斗内电工调整绝缘斗至隔离开关横担下方合适位置，安装绝缘引流线支架。 步骤 2：斗内电工根据绝缘引流线长度，在中间相导线的适当位置（导线遮蔽罩搭接处）分别移开导线上的遮蔽罩，剥除两端挂接处导线上的绝缘层。 步骤 3：斗内电工使用绝缘绳将绝缘引流线临时固定在主导线上，中间支撑在绝缘引流线支架上。 步骤 4：斗内电工调整绝缘斗至合适位置，先将绝缘引流线的一端线夹与一侧主导线连接可靠后，再将绝缘引流线的另一端线夹挂接到另一侧主导线上，完成后恢复绝缘遮蔽。 步骤 5：其余两相绝缘引流线的挂接按相同的方法进行，三相绝缘引流线的挂接可按先中间相、再两边的顺序进行，或根据现场工况选择。 步骤 6：斗内电工使用电流检测仪逐相检测绝缘引流线电流，确认每一相分流的负荷电流应分流正常。 步骤 7：斗内电工调整绝缘斗分别至近边相隔离开关负荷侧、电源侧导线的合适位置，打开引线搭接处的绝缘毯，使用绝缘锁杆将待断开的隔离开关引线临时固定在两侧的主导线上后，拆除线夹。 步骤 8：斗内电工调整工作位置后，使用绝缘锁杆将隔离开关两侧引线缓缓放下，分别固定在绝缘吊杆的横向支杆上，完成后恢复绝缘遮蔽。 步骤 9：其余两相引线的拆除按相同的方法进行，三相引线的拆除可按先两边相、再中间相的顺序进行，或根据现场工况选择。 步骤 10：斗内电工调整绝缘斗至隔离开关横担前方合适位置，分别断开三相隔离开关两侧引线，在地面电工的配合下完成三相隔离开关的更换工作，以及三相隔离开关两侧引线的连接工作，对新安装隔离开关进行分、合试操作后，将隔离开关置于断开位置。 步骤 11：斗内电工调整绝缘斗分别至中间相隔离开关负荷侧、电源侧导线的合适位置，打开引线搭接处的绝缘毯，使用绝缘锁杆锁住中间相隔离开关引线待搭接的一端，提升至搭接处主导线上可靠固定。 步骤 12：斗内电工使用线夹安装工具安装线夹，将隔离开关两侧引线分别与主导线可靠连接后撤除绝缘锁杆和绝缘吊杆，完成后恢复接续线夹处的绝缘、密封和绝缘遮蔽。	

序号	作业内容	步骤及要求	备注
2	安装绝缘引流线，更换隔离开关	步骤13：其余两相引线的搭接按相同的方法进行，三相引线的搭接可按先中间相、再两边相的顺序进行，或根据现场工况选择。 步骤14：斗内电工使用绝缘操作杆依次合上三相隔离开关，使用电流检测仪逐相检测隔离开关引线电流，确认三相隔离开关引线通流正常，按照"先两边相、再中间相"的顺序逐相拆除绝缘引流线，逐相恢复绝缘遮蔽，完成后拆除绝缘引流线支架	
3	拆除绝缘遮蔽，退出带电作业区域	步骤1：斗内电工向工作负责人汇报确认本项工作已完成。 步骤2：斗内电工转移绝缘斗至合适作业位置，按照"从远到近、从上到下、先接地体后带电体"的原则，以及"远边相、中间相、近边相"的顺序（与遮蔽相反），拆除绝缘遮蔽。 步骤3：斗内电工检查杆上无遗留物后，操作绝缘斗退出带电作业区域，返回地面，配合地面人员卸下斗内工具，收回绝缘斗臂车支腿（包括接地线和垫板），斗内工作结束	

5. 绝缘保护手套作业法（斗臂车作业）带负荷更换柱上开关1作业

绝缘保护手套作业法（斗臂车作业）带负荷更换隔离开关 1 作业，以图 5-47 所示的柱上开关杆（耐张杆，三角排列）为例，其现场作业工作见表 5-61。

图 5-47 柱上开关杆（耐张杆，三角排列）示意图

表 5-61 现场作业工作

序号	作业内容	步骤及要求	备注
1	进入带电作业区域，验电，设置绝缘遮蔽措施	步骤1：斗内电工穿戴好绝缘防护用具，经工作负责人检查合格后进入绝缘斗、挂好安全带保险钩。 步骤2：斗内电工调整绝缘斗至合适位置，使用验电器对绝缘子、横担进行验电，确认无漏电现象，使用电流检测仪确认每相负荷电流不超过 200A，汇报给工作负责人，连同现场检测的风速、湿度一并记录在工作票备注栏内。 步骤3：斗内电工调整绝缘斗至近边相导线外侧适当位置，按照"从近到远、从下到上、先带电体后接地体"的遮蔽原则，以及"近边相、中间相、远边相"的遮蔽顺序，依次对作业范围内的导线、引线、耐张线夹、绝缘子等进行绝缘遮蔽，考虑到后续挂接旁路引下电缆的需要，横担两侧导线上的遮蔽罩至少是 2 根搭接，选用绝缘吊杆法临时固定引线，绝缘遮蔽前先将绝缘吊杆 1 固定在引线搭接处附近的主导线上，绝缘吊杆 2 临时固定在耐张线夹处附近的中间相导线上	

续表

序号	作业内容	步骤及要求	备注
2	安装旁路负荷开关、旁路高压引下电缆和余缆支架	步骤 1：地面电工在电杆的合适位置（离地）安装好旁路负荷开关和余缆工具，确认旁路负荷开关处于"分"闸、闭锁状态，将开关外壳可靠接地。 步骤 2：地面电工在工作负责人的指挥下，先将一端安装有快速插拔终端的旁路引下电缆按与旁路负荷开关同相位（黄）A、（绿）B、（红）C 可靠连接，多余的旁路引下电缆规范地挂在余缆支架上，确认连接可靠后，再将一端安装有与架空导线连接的引流线夹用绝缘毯可靠遮蔽好，在其合适位置系上长度适宜的起吊绳（防坠绳）。 步骤 3：地面电工按照相同的方法，将旁路负荷开关另一侧三相旁路引下电缆与旁路负荷开关同相位（黄）A、（绿）B、（红）C 可靠连接，多余的旁路引下电缆规范地挂在余缆支架上，确认连接可靠后，再将一端安装有与架空导线连接的引流线夹用绝缘毯可靠遮蔽好，在其合适位置系上长度适宜的起吊绳（防坠绳）。 步骤 4：地面电工确认旁路负荷开关两侧（黄、绿、红）三相旁路引下电缆相色标记正确连接无误，用绝缘操作杆合上旁路负荷开关进行绝缘检测（绝缘电阻应不小于 500MΩ），检测合格后用放电棒进行充分的放电。 步骤 5：地面电工使用绝缘操作杆断开旁路负荷开关，确认开关处于"分闸"状态，插上闭锁销钉，锁死闭锁机构。 步骤 6：斗内电工调整绝缘斗至远边相导线外侧适当位置，在地面电工的配合下使用小吊绳将旁路引下电缆吊至导线处，移开对接重合的两根导线遮蔽罩，将旁路引下电缆的引流线夹安装（挂接）到架空导线上，并挂好防坠绳（起吊绳），完成后使用绝缘毯对导线和引流线夹进行遮蔽。如导线为绝缘导线，应先剥除导线的绝缘层，再清除连接处导线上的氧化层。 步骤 7：按照相同的方法，依次将其余两相旁路引线电缆与同相位的中间相、近边相架空导线可靠连接，按照"远边相、中间相、近边相"的顺序挂接时，应确保相色标记为"黄、绿、红"的旁路引下电缆与同相位的（黄）A、（绿）B、（红）C 三相导线可靠连接，相序保持一致	
3	合上旁路负荷开关，旁路回路投入运行，柱上开关使其退出运行	步骤 1：地面电工使用核相工具确认核相正确无误后，用绝缘操作杆合上旁路负荷开关，旁路回路投入运行，插上闭锁销钉，锁死闭锁机构。 步骤 2：斗内电工用电流检测仪逐相测量三相旁路电缆电流，确认每一相分流的负荷电流应分流正常。 步骤 3：斗内电工确认旁路回路工作正常，用绝缘操作杆拉开柱上开关使其退出运行	
4	更换柱上开关，柱上开关投入运行	方法：（在导线处）拆除和安装线夹法更换柱上开关。 步骤 1：斗内电工调整绝缘斗分别至近边相导线外侧的合适位置，打开柱上开关两侧引线搭接处的绝缘毯，使用绝缘锁杆将待断开的柱上开关引线临时固定在主导线上，拆除线夹。 步骤 2：斗内电工调整工作位置后，使用绝缘锁杆将柱上开关引线缓缓放下，临时固定在绝缘吊杆 1 的横向支杆上，完成后恢复绝缘遮蔽。	

序号	作业内容	步骤及要求	备注
4	更换柱上开关，柱上开关投入运行	步骤3：其余两相引线的拆除按相同的方法进行，三相引线的拆除可按先两边相、再中间相的顺序进行，或根据现场工况选择。 步骤4：斗内电工调整绝缘斗分别至柱上开关两侧前方合适位置，断开柱上开关两侧引线，临时固定在绝缘吊杆2的横向支杆上。 步骤5：地面电工对新安装的柱上开关进行分、合试操作后，将柱上开关置于断开位置。 步骤6：1号斗臂车斗内电工调整绝缘斗至柱上开关前方合适位置，2号斗臂车斗内电工调整绝缘斗至柱上开关的上方，在地面电工的配合下，使用斗臂车的小吊绳和开关专用吊绳将柱上开关调至安装位置，配合1号斗臂车斗内电工完成柱上开关的更换工作，以及新柱上开关两侧引线的连接工作。 步骤7：斗内电工调整绝缘斗分别至柱上开关两侧中间相导线的合适位置，打开引线搭接处的绝缘毯，使用绝缘锁杆锁住中间相柱上开关引线待搭接的一端，提升至搭接处主导线上可靠固定。 步骤8：斗内电工使用线夹安装工具安装线夹，将开关两侧引线分别与主导线可靠连接，完成后分别撤除绝缘锁杆、绝缘吊杆1和绝缘吊杆2，恢复接续线夹处的绝缘、密封和绝缘遮蔽。 步骤9：其余两相引线的搭接按相同的方法进行，三相引线的搭接可按先中间相、再两边相的顺序进行，或根据现场工况选择。 步骤10：斗内电工确认柱上开关引线连接可靠无误后，合上柱上开关使其投入运行，使用电流检测仪逐相检测柱上开关引线电流，确认通流正常	
5	断开旁路负荷开关，旁路回路退出运行，拆除旁路回路并充分放电	步骤1：地面电工使用绝缘操作杆断开旁路负荷开关，旁路回路退出运行，插上闭锁销钉，锁死闭锁机构。 步骤2：斗内电工调整绝缘斗分别至三相导线外侧的合适位置，按照"近边相、中间相、远边相"的顺序，在地面电工的配合下，斗内电工对拆除的引流线夹使用绝缘毯遮蔽后，使用斗臂车的小吊绳将三相旁路引下电缆吊至地面盘圈回收，完成后斗内电工恢复导线搭接处的绝缘、密封和绝缘遮蔽（导线遮蔽罩恢复搭接重合）。 步骤3：地面电工使用绝缘操作杆合上旁路负荷开关，使用放电棒对旁路电缆充分放电后，拉开旁路负荷开关，断开旁路引下电缆与旁路负荷开关的连接，拆除余缆工具和旁路负荷开关	
6	拆除绝缘遮蔽，退出带电作业区域	步骤1：斗内电工向工作负责人汇报确认本项工作已完成。 步骤2：斗内电工转移绝缘斗至合适作业位置，按照"从远到近、从上到下、先接地体后带电体"的原则，以及"远边相、中间相、近边相"的顺序（与遮蔽相反），拆除绝缘遮蔽。 步骤3：斗内电工检查杆上无遗留物后，操作绝缘斗退出带电作业区域，返回地面，配合地面人员卸下斗内工具，收回绝缘斗臂车支腿（包括接地线和垫板），斗内工作结束	

6. 绝缘手套作业法（斗臂车作业）带负荷直线杆改耐张杆并加装柱上开关作业

绝缘手套作业法（斗臂车作业）带负荷直线杆改耐张杆并加装柱上开关作业，以图5-37所示的直线杆（三角排列）为例，其现场作业工作见表5-62。

表 5-62 　　　　　　　　　　　　现场作业工作

序号	作业内容	步骤及要求	备注
1	进入带电作业区域，验电，设置绝缘遮蔽措施	步骤 1：斗内电工穿戴好绝缘防护用具，经工作负责人检查合格后进入绝缘斗、挂好安全带保险钩。 步骤 2：斗内电工调整绝缘斗至合适位置，使用验电器对绝缘子、横担进行验电，确认无漏电现象，使用电流检测仪确认每相负荷电流不超过 200A，汇报给工作负责人，连同现场检测的风速、湿度一并记录在工作票备注栏内。 步骤 3：斗内电工调整绝缘斗至近边相导线外侧适当位置，按照"从近到远、从下到上、先带电体后接地体"的遮蔽原则，以及"近边相、中间相、远边相"的遮蔽顺序，依次对作业范围内的导线、绝缘子、横担、杆顶等进行绝缘遮蔽，考虑到后续挂接旁路引下电缆的需要，横担两侧导线上的遮蔽罩至少是 2 根搭接	
2	安装旁路负荷开关、旁路高压引下电缆和余缆支架	步骤 1：地面电工在电杆的合适位置（离地）安装好旁路负荷开关和余缆工具，确认旁路负荷开关处于"分"闸、闭锁状态，将开关外壳可靠接地。 步骤 2：地面电工在工作负责人的指挥下，先将一端安装有快速插拔终端的旁路引下电缆按与旁路负荷开关同相位（黄）A、（绿）B、（红）C 可靠连接，多余的旁路引下电缆规范地挂在余缆支架上，确认连接可靠后，再将一端安装有与架空导线连接的引流线夹用绝缘毯可靠遮蔽好，在其合适位置系上长度适宜的起吊绳（防坠绳）。 步骤 3：地面电工按照相同的方法，将旁路负荷开关另一侧三相旁路引下电缆与旁路负荷开关同相位（黄）A、（绿）B、（红）C 可靠连接，多余的旁路引下电缆规范地挂在余缆支架上，确认连接可靠后，再将一端安装有与架空导线连接的引流线夹用绝缘毯可靠遮蔽好，在其合适位置系上长度适宜的起吊绳（防坠绳）。 步骤 4：地面电工确认旁路负荷开关两侧（黄、绿、红）三相旁路引下电缆相色标记正确连接无误，用绝缘操作杆合上旁路负荷开关进行绝缘检测（绝缘电阻应不小于 500MΩ），检测合格后用放电棒进行充分的放电。 步骤 5：地面电工使用绝缘操作杆断开旁路负荷开关，确认开关处于"分闸"状态，插上闭锁销钉，锁死闭锁机构。 步骤 6：斗内电工调整绝缘斗至远边相导线外侧适当位置，在地面电工的配合下使用小吊绳将旁路引下电缆吊至导线处，移开对接重合的两根导线遮蔽罩，将旁路引下电缆的引流线夹安装（挂接）到架空导线上，并挂好防坠绳（起吊绳），完成后使用绝缘毯对导线和引流线夹进行遮蔽。如导线为绝缘导线，应先剥除导线的绝缘层，再清除连接处导线上的氧化层。 步骤 7：按照相同的方法，依次将其余两相旁路引线电缆与同相位的中间相、近边相架空导线可靠连接，按照"远边相、中间相、近边相"的顺序挂接时，应确保相色标记为"黄、绿、红"的旁路引下电缆与同相位的（黄）A、（绿）B、（红）C 三相导线可靠连接，相序保持一致	
3	合上旁路负荷开关，旁路回路投入运行	步骤 1：地面电工使用核相工具确认核相正确无误后，用绝缘操作杆合上旁路负荷开关，旁路回路投入运行，插上闭锁销钉，锁死闭锁机构。 步骤 2：斗内电工用电流检测仪逐相测量三相旁路电缆电流，确认每一相分流的负荷电流应分流正常	

续表

序号	作业内容	步骤及要求	备注
4	支撑导线（电杆用绝缘横担法），直线横担改为耐张横担	步骤1：斗内电工在地面电工的配合下，调整绝缘斗至相间合适位置，在电杆上高出横担约0.4m的位置安装绝缘横担。 步骤2：斗内电工调整绝缘斗至近边相外侧适当位置，使用绝缘小吊绳在铅垂线上固定导线。 步骤3：斗内电工拆除绝缘子绑扎线，提升近边相导线置于绝缘横担上的固定槽内可靠固定。 步骤4：按照相同的方法将远边相导线于绝缘横担的固定槽内并可靠固定。 步骤5：斗内电工相互配合拆除直线杆绝缘子和横担，安装耐张横担，装好耐张绝缘子和耐张线夹	
5	开断三相导线为耐张连接	步骤1：斗内电工相互配合在耐张横担上安装耐张横担遮蔽罩，完成后恢复耐张绝缘子和耐张线夹处的绝缘遮蔽。 步骤2：斗内电工操作斗臂车小吊臂使近边相导线缓缓下降，放置到耐张横担遮蔽罩上固定槽内。 步骤3：斗内电工转移绝缘斗至近边相导线外侧合适位置，在横担两侧导线上安装好绝缘紧线器及绝缘保护绳，操作绝缘紧线器将导线收紧至便于开断状态。 步骤4：斗内电工配合使用断线剪将近边相导线剪断，将近边相两侧导线分别固定在耐张线夹内。 步骤5：斗内电工确认导线连接可靠后，拆除绝缘紧线器及绝缘保护绳。 步骤6：斗内电工在确保横担及绝缘子绝缘遮蔽到位的前提下，完成近边相导线引线的接续工作。 步骤7：斗内电工使用电流检测仪检测耐张引线电流，确认通流正常，近边相导线的开断和接续工作结束。 步骤8：开断和接续远边相导线按照相同的方法进行。 步骤9：开断中间相导线时，斗内电工操作小吊臂提升中间相导线0.4m以上，耐张绝缘子和耐张线夹安装后，将中间相导线重新降至中间相绝缘子顶槽内绑扎牢靠，斗内电工按照同样的方法开断和接续中间相导线，完成后拆除中间相绝缘子和杆顶支架，恢复杆顶绝缘遮蔽	
6	加装柱上开关	方法：（在导线处）拆除和安装线夹法加装柱上开关。 步骤1：斗内电工调整绝缘斗分别至三相导线外侧合适位置，打开引线搭接处的绝缘毯，将绝缘吊杆1分别固定在三相引线搭接处附近的主导线上，绝缘吊杆2固定在耐张线夹处附近的中间相导线上，完成后恢复绝缘遮蔽。 步骤2：地面电工对新安装的柱上开关进行分、合试操作后，将柱上开关置于断开位置。 步骤3：1号斗臂车斗内电工调整绝缘斗至柱上开关安装位置前方合适位置，2号斗臂车斗内电工调整绝缘斗至柱上开关安装位置的上方，在地面电工的配合下，使用斗臂车的小吊绳和开关专用吊绳将柱上开关调至安装位置，配合1号斗臂车斗内电工完成柱上开关安装工作，以及柱上开关两侧引线的连接工作。	

序号	作业内容	步骤及要求	备注
6	加装柱上开关	步骤4：斗内电工调整绝缘斗分别至柱上开关两侧中间相导线的合适位置，打开引线搭接处的绝缘毯，使用绝缘锁杆锁住中间相柱上开关引线待搭接的一端，提升至搭接处主导线上可靠固定。 步骤5：斗内电工使用线夹安装工具安装线夹，将开关两侧引线分别与主导线可靠连接，完成后分别撤除绝缘锁杆、绝缘吊杆1和绝缘吊杆2，恢复接续线夹处的绝缘、密封和绝缘遮蔽。 步骤6：其余两相引线的搭接按相同的方法进行，三相引线的搭接可按先中间相、再两边相的顺序进行，或根据现场工况选择。 步骤7：斗内电工确认柱上开关引线连接可靠无误后，合上柱上开关使其投入运行，使用电流检测仪逐相检测柱上开关引线电流，确认通流正常	
7	断开旁路负荷开关，旁路回路退出运行，拆除旁路回路并充分放电	步骤1：地面电工使用绝缘操作杆断开旁路负荷开关，旁路回路退出运行，插上闭锁销钉，锁死闭锁机构。 步骤2：斗内电工调整绝缘斗分别至三相导线外侧的合适位置，按照"近边相、中间相、远边相"的顺序，在地面电工的配合下，斗内电工对拆除的引流线夹使用绝缘毯遮蔽后，使用斗臂车的小吊绳将三相旁路引下电缆吊至地面盘圈回收，完成后斗内电工恢复导线搭接处的绝缘、密封和绝缘遮蔽（导线遮蔽罩恢复搭接重合）。 步骤3：地面电工使用绝缘操作杆合上旁路负荷开关，使用放电棒对旁路电缆充分放电后，拉开旁路负荷开关，断开旁路引下电缆与旁路负荷开关的连接，拆除余缆工具和旁路负荷开关	
8	拆除绝缘遮蔽，退出带电作业区域	步骤1：斗内电工向工作负责人汇报确认本项工作已完成。 步骤2：斗内电工转移绝缘斗至合适作业位置，按照"从远到近、从上到下、先接地体后带电体"的原则，以及"远边相、中间相、近边相"的顺序（与遮蔽相反），拆除绝缘遮蔽。 步骤3：斗内电工检查杆上无遗留物后，操作绝缘斗退出带电作业区域，返回地面，配合地面人员卸下斗内工具，收回绝缘斗臂车支腿（包括接地线和垫板），斗内工作结束	

7. 绝缘手套作业法（斗臂车作业）带负荷更换柱上开关2作业

绝缘手套作业法（斗臂车作业）带负荷更换柱上开关2作业，以图5-47所示的直线杆（三角排列）为例，其现场作业工作见表5-63。

表5-63 现场作业工作

序号	作业内容	步骤及要求	备注
1	进入带电作业区域，验电，设置绝缘遮蔽措施	步骤1：斗内电工穿戴好绝缘防护用具，经工作负责人检查合格后进入绝缘斗、挂好安全带保险钩。 步骤2：斗内电工调整绝缘斗至合适位置，使用验电器对绝缘子、横担进行验电，确认无漏电现象，使用电流检测仪确认每相负荷电流不超过200A，汇报给工作负责人，连同现场检测的风速、湿度一并记录在工作票备注栏内。	

序号	作业内容	步骤及要求	备注
1	进入带电作业区域，验电，设置绝缘遮蔽措施	步骤3：斗内电工调整绝缘斗至近边相导线外侧适当位置，按照"从近到远、从下到上、先带电体后接地体"的遮蔽原则，以及"近边相、中间相、远边相"的遮蔽顺序，在三相引线搭接的导线外侧，使用导线遮蔽罩对作业范围内的导线进行绝缘遮蔽，考虑到后续挂接旁路引下电缆的需要，两侧导线上的遮蔽罩至少是2根搭接	
2	安装旁路负荷开关、旁路高压引下电缆和余缆支架	步骤1：地面电工在电杆的合适位置（离地）安装好旁路负荷开关和余缆工具，确认旁路负荷开关处于"分"闸、闭锁状态，将开关外壳可靠接地。 步骤2：地面电工在工作负责人的指挥下，先将一端安装有快速插拔终端的旁路引下电缆按与旁路负荷开关同相位（黄）A、（绿）B、（红）C可靠连接，多余的旁路引下电缆规范地挂在余缆支架上，确认连接可靠后，再将一端安装有与架空导线连接的引流线夹用绝缘毯可靠遮蔽好，在其合适位置系上长度适宜的起吊绳（防坠绳）。 步骤3：地面电工按照相同的方法，将旁路负荷开关另一侧三相旁路引下电缆与旁路负荷开关同相位（黄）A、（绿）B、（红）C可靠连接，多余的旁路引下电缆规范地挂在余缆支架上，确认连接可靠后，再将一端安装有与架空导线连接的引流线夹用绝缘毯可靠遮蔽好，在其合适位置系上长度适宜的起吊绳（防坠绳）。 步骤4：地面电工确认旁路负荷开关两侧（黄、绿、红）三相旁路引下电缆相色标记正确连接无误，用绝缘操作杆合上旁路负荷开关进行绝缘检测（绝缘电阻应不小于500MΩ），检测合格后用放电棒进行充分的放电。 步骤5：地面电工使用绝缘操作杆断开旁路负荷开关，确认开关处于"分闸"状态，插上闭锁销钉，锁死闭锁机构。 步骤6：斗内电工调整绝缘斗至远边相导线外侧适当位置，在地面电工的配合下使用小吊绳将旁路引下电缆吊至导线处，移开对接重合的两根导线遮蔽罩，将旁路引下电缆的引流线夹安装（挂接）到架空导线上，并挂好防坠绳（起吊绳），完成后使用绝缘毯对导线和引流线夹进行遮蔽。如导线为绝缘导线，应先剥除导线的绝缘层，再清除连接处导线上的氧化层。 步骤7：按照相同的方法，依次将其余两相旁路引线电缆与同相位的中间相、近边相架空导线可靠连接，按照"远边相、中间相、近边相"的顺序挂接时，应确保相色标记为"黄、绿、红"的旁路引下电缆与同相位的（黄）A、（绿）B、（红）C三相导线可靠连接，相序保持一致	
3	合上旁路负荷开关，旁路回路投入运行，柱上开关退出运行	步骤1：地面电工使用核相工具确认核相正确无误后，用绝缘操作杆合上旁路负荷开关，旁路回路投入运行，插上闭锁销钉，锁死闭锁机构。 步骤2：斗内电工用电流检测仪逐相测量三相旁路电缆电流，确认每一相分流的负荷电流应分流正常。 步骤3：斗内电工确认旁路回路工作正常，用绝缘操作杆拉开柱上开关使其退出运行。	

续表

序号	作业内容	步骤及要求	备注
3	合上旁路负荷开关，旁路回路投入运行，柱上开关退出运行	步骤 4：斗内电工调整绝缘斗分别至隔离开关外侧的合适位置，使用绝缘操作杆依次断开三相隔离开关，使用绝缘毯（包括引线遮蔽罩）对三相隔离开关的上引线进行绝缘遮蔽	
4	更换柱上开关，柱上开关投入运行	步骤 1：斗内电工调整绝缘斗分别至柱上开关两侧的合适位置，断开柱上开关两侧引线，或直接断开三相隔离开关下引线。 步骤 2：地面电工对新安装的柱上开关进行分、合试操作后，将柱上开关置于断开位置。 步骤 3：1 号斗臂车斗内电工调整绝缘斗至柱上开关安装位置前方合适位置，2 号斗臂车斗内电工调整绝缘斗至柱上开关安装位置的上方，在地面电工的配合下，使用斗臂车的小吊绳和开关专用吊绳将柱上开关调至安装位置，配合 1 号斗臂车斗内电工完成新柱上开关的安装工作，以及柱上开关两侧引线的连接工作。 步骤 4：斗内电工调整绝缘斗分别至柱上开关两侧隔离开关的合适位置，拆除三相隔离开关上引线上的绝缘遮蔽。 步骤 5：斗内电工调整工作位置，检测确认柱上开关引线连接可靠无误后，使用绝缘操作杆合上柱上开关两侧的三相隔离开关，合上柱上开关使其投入运行，使用电流检测仪逐相检测柱上开关引线电流，确认通流正常，更换柱上开关杆上结束	
5	断开旁路负荷开关，旁路回路退出运行，拆除旁路回路并充分放电	步骤 1：地面电工使用绝缘操作杆断开旁路负荷开关，旁路回路退出运行，插上闭锁销钉，锁死闭锁机构。 步骤 2：斗内电工调整绝缘斗分别至三相导线外侧的合适位置，按照"近边相、中间相、远边相"的顺序，在地面电工的配合下，斗内电工对拆除的引流线夹使用绝缘毯遮蔽后，使用斗臂车的小吊绳将三相旁路引下电缆吊至地面盘圈回收，完成后斗内电工恢复导线搭接处的绝缘、密封和绝缘遮蔽（导线遮蔽罩恢复搭接重合）。 步骤 3：地面电工使用绝缘操作杆合上旁路负荷开关，使用放电棒对旁路电缆充分放电后，拉开旁路负荷开关，断开旁路引下电缆与旁路负荷开关的连接，拆除余缆工具和旁路负荷开关	
6	拆除绝缘遮蔽，退出带电作业区域	步骤 1：斗内电工向工作负责人汇报确认本项工作已完成。 步骤 2：斗内电工转移绝缘斗至合适作业位置，按照"从远到近、从上到下、先接地体后带电体"的原则，以及"远边相、中间相、近边相"的顺序（与遮蔽相反），拆除绝缘遮蔽。 步骤 3：斗内电工检查杆上无遗留物后，操作绝缘斗退出带电作业区域，返回地面，配合地面人员卸下斗内工具，收回绝缘斗臂车支腿（包括接地线和垫板），斗内工作结束	

8. 绝缘手套作业法+桥接施工法（斗臂车作业）带负荷更换柱上开关3作业

绝缘手套作业法+桥接施工法（斗臂车作业）带负荷更换柱上开关 3 作业，以图 5-47 所示的柱上开关杆（耐张杆，三角排列）为例，其现场作业工作见表 5-64。

表 5-64 现场作业工作

序号	作业内容	步骤及要求	备注
1	进入带电作业区域，验电，设置绝缘遮蔽措施	步骤 1：斗内电工穿戴好绝缘防护用具，经工作负责人检查合格后进入绝缘斗、挂好安全带保险钩。 步骤 2：斗内电工调整绝缘斗至合适位置，使用验电器对绝缘子、横担进行验电，确认无漏电现象，使用电流检测仪确认每相负荷电流不超过 200A，汇报给工作负责人，连同现场检测的风速、湿度一并记录在工作票备注栏内。 步骤 3：斗内电工调整绝缘斗至近边相导线外侧适当位置，按照"从近到远、从下到上、先带电体后接地体"的遮蔽原则，以及"近边相、中间相、远边相"的遮蔽顺序，在三相引线搭接的导线外侧，使用导线遮蔽罩对作业范围内的导线进行绝缘遮蔽，考虑到后续挂接旁路引下电缆和开断导线的需要，两侧导线上的遮蔽罩至少是 3 根搭接，遮蔽前选择好断联点的位置，便于后续开断导线拆除绝缘遮蔽	
2	安装旁路负荷开关、旁路高压引下电缆和余缆支架	步骤 1：地面电工在电杆的合适位置（离地）安装好旁路负荷开关和余缆工具，确认旁路负荷开关处于"分"闸、闭锁状态，将开关外壳可靠接地。 步骤 2：地面电工在工作负责人的指挥下，先将一端安装有快速插拔终端的旁路引下电缆按与旁路负荷开关同相位（黄）A、（绿）B、（红）C 可靠连接，多余的旁路引下电缆规范地挂在余缆支架上，确认连接可靠后，再将一端安装有与架空导线连接的引流线夹用绝缘毯可靠遮蔽好，在其合适位置系上长度适宜的起吊绳（防坠绳）。 步骤 3：地面电工按照相同的方法，将旁路负荷开关另一侧三相旁路引下电缆与旁路负荷开关同相位（黄）A、（绿）B、（红）C 可靠连接，多余的旁路引下电缆规范地挂在余缆支架上，确认连接可靠后，再将一端安装有与架空导线连接的引流线夹用绝缘毯可靠遮蔽好，在其合适位置系上长度适宜的起吊绳（防坠绳）。 步骤 4：地面电工确认旁路负荷开关两侧（黄、绿、红）三相旁路引下电缆相色标记正确连接无误，用绝缘操作杆合上旁路负荷开关进行绝缘检测（绝缘电阻应不小于 500MΩ），检测合格后用放电棒进行充分的放电。 步骤 5：地面电工使用绝缘操作杆断开旁路负荷开关，确认开关处于"分闸"状态，插上闭锁销钉，锁死闭锁机构。 步骤 6：斗内电工调整绝缘斗至远边相导线外侧适当位置，在地面电工的配合下使用小吊绳将旁路引下电缆吊至导线处，移开对接重合的两根导线遮蔽罩，将旁路引下电缆的引流线夹安装（挂接）到架空导线上，并挂好防坠绳（起吊绳），完成后使用绝缘毯对导线和引流线夹进行遮蔽。如导线为绝缘导线，应先剥除导线的绝缘层，再清除连接处导线上的氧化层。 步骤 7：按照相同的方法，依次将其余两相旁路引线电缆与同相位的中间相、近边相架空导线可靠连接，按照"远边相、中间相、近边相"的顺序挂接时，应确保相色标记为"黄、绿、红"的旁路引下电缆与同相位的（黄）A、（绿）B、（红）C 三相导线可靠连接，相序保持一致	

续表

序号	作业内容	步骤及要求	备注
3	合上旁路负荷开关，旁路回路投入运行，柱上开关退出运行	步骤1：地面电工使用核相工具确认核相正确无误后，用绝缘操作杆合上旁路负荷开关，旁路回路投入运行，插上闭锁销钉，锁死闭锁机构。 步骤2：斗内电工用电流检测仪逐相测量三相旁路电缆电流，确认每一相分流的负荷电流应分流正常。 步骤3：斗内电工确认旁路回路工作正常，用绝缘操作杆拉开柱上开关使其退出运行	
4	安装桥接工具，断开主导线	步骤1：斗内电工调整绝缘斗分别至近边相导线断联点（或称为桥接点）处拆除导线遮蔽罩，将硬质绝缘紧线器和绝缘保护绳安装在断联点两侧的导线上，适度收紧导线使其弯曲，操作绝缘紧线器将导线收紧至便于开断状态。 步骤2：斗内电工检查确认硬质绝缘紧线器承力无误后，用断线剪断开导线并使断头导线向上弯曲，完成后使用导线端头遮蔽罩和绝缘毯进行遮蔽。 步骤3：斗内电工按照相同的方法开断其他两相导线，开断工作完成后，退出带电作业区域，返回地面	
5	按照停电作业方式更换柱上开关	步骤1：带电工作负责人在项目总协调人的组织下，与停电工作负责人完成工作任务交接。 步骤2：停电工作负责人带领作业班组《配电线路第一种工作票》，按照停电作业方式完成柱上开关更换工作。 步骤3：停电工作负责人在项目总协调人的组织下，与带电工作负责人完成工作任务交接	
6	使用导线接续管或专用快速接头接续主导线，柱上开关投入运行	步骤1：斗内电工获得工作负责人许可后，穿戴好绝缘防护用具，经工作负责人检查合格后进入绝缘斗、挂好安全带保险钩。 步骤2：斗内电工调整绝缘斗分别至近边相导线的断联点处，操作硬质绝缘紧线器使主导线处于接续状态，斗内电工相互配合使用导线接续管或专用快速接头、液压压接工具完成断联点两侧主导线的承力接续工作。 步骤3：斗内电工缓慢操作硬质绝缘紧线器使主导线处于松弛状态，确认导线接续管或专用快速接头承力无误后，拆除硬质绝缘紧线器及保险绳，恢复导线绝缘遮蔽。 步骤4：斗内电工按照相同的方法接续其他两相导线。 步骤5：斗内电工调整绝缘斗至合适位置，使用绝缘操作杆合上柱上开关使其投入运行，使用电流检测仪逐相检测柱上开关引线电流和主导线电流，确认通流正常	
7	断开旁路负荷开关，旁路回路退出运行，拆除旁路回路并充分放电	步骤1：地面电工使用绝缘操作杆断开旁路负荷开关，旁路回路退出运行，插上闭锁销钉，锁死闭锁机构。 步骤2：斗内电工调整绝缘斗分别至三相导线外侧的合适位置，按照"近边相、中间相、远边相"的顺序，在地面电工的配合下，斗内电工对拆除的引流线夹使用绝缘毯遮蔽后，使用斗臂车的小吊绳将三相旁路引下电缆吊至地面盘圈回收，完成后斗内电工恢复导线搭接处的绝缘、密封和绝缘遮蔽（导线遮蔽罩恢复搭接重合）。 步骤3：地面电工使用绝缘操作杆合上旁路负荷开关，使用放电棒对旁路电缆充分放电后，拉开旁路负荷开关，断开旁路引下电缆与旁路负荷开关的连接，拆除余缆工具和旁路负荷开关	

续表

序号	作业内容	步骤及要求	备注
8	拆除绝缘遮蔽，退出带电作业区域	步骤1：斗内电工向工作负责人汇报确认本项工作已完成。 步骤2：斗内电工转移绝缘斗至合适作业位置，按照"从远到近、从上到下、先接地体后带电体"的原则，以及"远边相、中间相、近边相"的顺序（与遮蔽相反），拆除绝缘遮蔽。 步骤3：斗内电工检查杆上无遗留物后，操作绝缘斗退出带电作业区域，返回地面，配合地面人员卸下斗内工具，收回绝缘斗臂车支腿（包括接地线和垫板），斗内工作结束	

六、作业后的终结工作（见表5-65）

表5-65 作业后的终结工作

序号	作业内容	步骤及要求	备注
1	清理现场	步骤1：工作班成员整理工具、材料，清洁后装箱、装袋。 步骤2：工作班成员清理现场：工完、料尽、场地清	
2	召开收工会	步骤1：点评本项工作的完成情况。 步骤2：点评安全措施的落实情况。 步骤3：点评作业指导书的执行情况	
3	工作终结	步骤1：工作负责人向值班调控人员或运维人员报告申请终结工作票，记录许可方式、工作许可人和终结报告时间，并签字确认，宣布本项工作结束。 步骤2：工作负责人组织工作班成员撤离现场，到达班组后将作业资料分类归档	

第五节 消 缺 类 项 目

10kV配网不停电作业"消缺类（即普通消缺及装拆附件类）"项目常见的有：

（1）带电（绝缘手套作业法或绝缘杆作业法）"修剪"树枝；

（2）带电（绝缘手套作业法或绝缘杆作业法）"清除"异物；

（3）带电（绝缘手套作业法或绝缘杆作业法）"扶正"绝缘子；

（4）带电（绝缘手套作业法或绝缘杆作业法）"拆除"退役设备；

（5）带电（绝缘手套作业法或绝缘杆作业法）"加装"接触设备套管；

（6）带电（绝缘手套作业法或绝缘杆作业法）"拆除"接触设备套管；

（7）带电（绝缘手套作业法或绝缘杆作业法）"加装"故障指示器；

（8）带电（绝缘手套作业法或绝缘杆作业法）"拆除"故障指示器；

（9）带电（绝缘手套作业法或绝缘杆作业法）"加装"驱鸟器；

（10）带电（绝缘手套作业法或绝缘杆作业法）"拆除"驱鸟器；

（11）带电（绝缘手套作业法）"辅助加装或拆除"绝缘遮蔽等。

一、人员配置

常见的消缺类作业项目人员配置如图 5-48 所示，其配置见表 5-66。

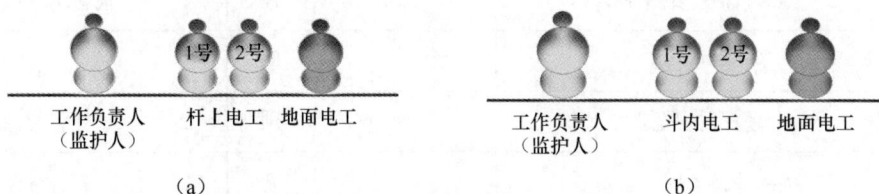

图 5-48　常见的消缺类作业项目人员配置示意图

（a）绝缘杆作业法；（b）绝缘手套作业法

表 5-66　　　　　　　　　　常见的消缺类作业项目人员配置

序号	责任人	人数	分工	备注
1	工作负责人（监护人）	1	执行配电带电作业工作票，组织、指挥带电作业工作，作业中全程监护和落实作业现场安全措施	
2	杆上（斗内）电工	2	杆上（斗内）1 号电工：负责带电普通消缺及装拆附件工作。 杆上（斗内）2 号辅助电工：配合杆上 1 号电工作业	
3	地面电工	1	负责地面工作，配合杆上电工作业	

二、工器具配置

1. 特种车辆和登杆工具

特种车辆（移动库房车）和登杆工具（金属脚扣）如图 5-2 所示，配置见表 5-67。

表 5-67　　　　特种车辆（移动库房车）和登杆工具（金属脚扣）配置

序号	名称		规格、型号	单位	数量	备注
1	特种车辆	绝缘斗臂车	10kV	辆	1	
2		移动库房车		辆	1	
3	登杆工具	金属脚扣	12～18m 电杆用	副	2	杆上电工使用

2. 个人绝缘防护用具

个人绝缘防护用具如图 5-3 所示，个人绝缘防护用具配置见表 5-68。

表 5-68   个人绝缘防护用具配置

序号	名称	规格、型号	单位	数量	备注
1	绝缘安全帽	10kV	顶	2	
2	绝缘手套	10kV	双	2	带防刺穿保护手套
3	绝缘披肩（绝缘服）	10kV	件	2	根据现场情况选择
4	护目镜		副	2	
5	登杆用安全带		副	2	有后背保护绳
6	绝缘斗臂车用安全带		副	2	有后背保护绳

3. 绝缘遮蔽用具

绝缘遮蔽用具如图 5-49 所示，配置见表 5-69。

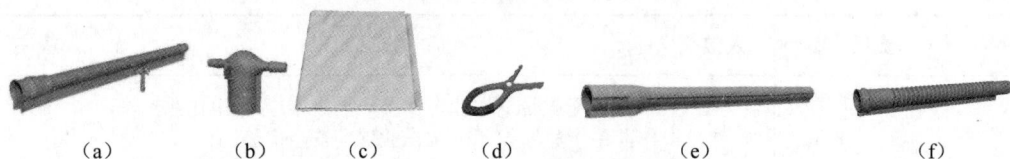

（a）　　　　（b）　　　　（c）　　　　（d）　　　　（e）　　　　　（f）

图 5-49　绝缘遮蔽用具（根据实际工况选择）

（a）绝缘杆式导线遮蔽罩；（b）绝缘杆式绝缘子遮蔽罩；（c）绝缘毯；（d）绝缘毯夹；
（e）导线遮蔽罩；（f）引线遮蔽罩（根据实际情况选用）

表 5-69   绝缘遮蔽用具配置

序号	名称	规格、型号（kV）	单位	数量	备注
1	导线遮蔽罩	10	个	若干	根据现场情况选择
2	绝缘子遮蔽罩	10	个	若干	根据现场情况选择
3	导线遮蔽罩	10	根	若干	根据现场情况选择
4	引线遮蔽罩	10	根	若干	根据现场情况选择
5	绝缘毯	10	块	若干	根据现场情况选择
6	绝缘毯夹		个	若干	根据现场情况选择

4. 绝缘工具

绝缘工具如图 5-50 所示（其中的"普通消缺专用工具、设备套管安装工具、故障指示器安装工具、驱鸟器安装工具"配图略），绝缘工具配置见表 5-70。

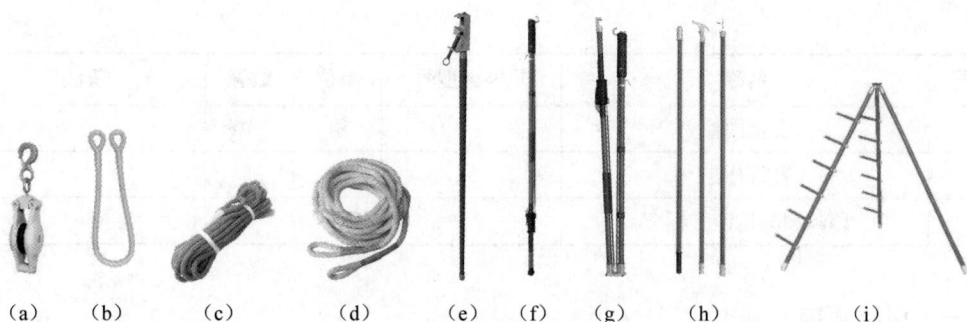

图 5-50　绝缘工具（根据实际工况选择）

（a）绝缘滑车；（b）绝缘绳套；（c）绝缘传递绳 1（防潮型）；（d）绝缘传递绳 2（普通型）；
（e）绝缘（双头）锁杆；（f）伸缩式绝缘锁杆（射枪式操作杆）；
（g）伸缩式折叠绝缘锁杆（射枪式操作杆）；（h）绝缘操作杆；（i）绝缘工具支架

表 5-70　　　　　　　　　　　　　　　绝缘工具配置

序号	名称	规格、型号	单位	数量	备注
1	绝缘滑车	10kV	个	1	绝缘传递绳用
2	绝缘绳套	10kV	个	1	挂滑车用
3	绝缘传递绳	10kV	根	1	$\phi 12mm \times 15m$
4	绝缘（双头）锁杆	10kV	个	1	可同时锁定两根导线
5	伸缩式绝缘锁杆	10kV	个	1	射枪式操作杆
6	绝缘操作杆	10kV	个	1	根据现场情况配备
7	普通消缺专用工具	10kV	套	1	根据现场情况配备
8	设备套管安装工具	10kV	套	1	根据现场情况配备
9	故障指示器安装工具	10kV	套	1	根据现场情况配备
10	驱鸟器安装工具	10kV	套	1	根据现场情况配备
11	装拆附件专用工具	10kV	套	1	根据现场情况配备
12	绝缘支架		个	1	放置绝缘工具用

5. 仪器仪表

仪器仪表如图 5-23 所示，其配置见表 5-24。

6. 其他

其他如图 5-9 所示，其配置见表 5-71。

表 5-71　　　　　　　　　　　　　　　其他配置

序号	名称	规格、型号	单位	数量	备注
1	防潮苫布		块	若干	根据现场情况选择
2	个人手工工具		套	1	推荐用绝缘手工工具

序号	名称	规格、型号	单位	数量	备注
3	安全围栏		组	1	
4	警告标志		套	1	
5	路障和减速慢行标志		组	1	

三、风险管控

1. 绝缘杆作业法

（1）杆上电工登杆作业应正确使用安规规定的安全带，到达安全作业工位后（远离带电体至少一个安全作业距离 0.9m），应将个人使用的后备保护绳（二防绳）安全可靠的固定在电杆合适位置上。

（2）杆上电工在电杆或横担上悬挂（拆除）绝缘传递绳时，应使用绝缘操作杆在确保安全作业距离（0.9m）的前提下进行。

（3）采用绝缘杆作业法（登杆）作业时，杆上电工应根据作业现场的实际工况正确穿戴绝缘防护用具，做好人身安全防护工作。

（4）个人绝缘防护用具使用前必须进行外观检查，绝缘手套使用前必须进行充（压）气检测，确认合格后方可使用。带电作业过程中，禁止摘下绝缘防护用具。

（5）杆上作业人员伸展身体各部位有可能同时触及不同电位（带电体和接地体）的设备时，或作业中不能有效保证人体与带电体最小 0.4m 以上的安全距离时，作业前必须对带电体进行绝缘遮蔽（隔离），遮蔽用具之间的重叠部分不得小于 150mm。

（6）杆上电工作业过程中，包括设置（拆除）绝缘遮蔽（隔离）用具的作业中，站位选择应合适，在不影响作业的前提下，应确保人体远离带电体，手持绝缘操作杆的有效绝缘长度不小于 0.7m、人体与带电体的最小安全作业距离不得小于 0.9m。

2. 绝缘手套作业法

（1）进入绝缘斗内的作业人员必须穿戴个人绝缘防护用具（绝缘手套、绝缘服或绝缘披肩等），做好人身安全防护工作。使用的安全带应有良好的绝缘性能，起臂前安全带保险钩必须系挂在斗内专用挂钩上。带电作业过程中，禁止摘下绝缘防护用具。

（2）绝缘斗臂车使用前应可靠接地。对于伸缩臂式和混合式的绝缘斗臂车，作业中的绝缘臂伸出的有效绝缘长度应不小于 1.0m。禁止绝缘斗超载工作和超载起吊。

（3）绝缘斗内双人作业时，禁止在不同相或不同电位同时作业。

（4）斗内作业人员按照"先外侧（近边相和远边相）、后内侧（中间相）"的顺序依次进行同相绝缘遮蔽（隔离）时，应严格遵循"先带电体后接地体"的原则。绝缘斗内双人作业时，禁止在不同相或不同电位同时作业进行绝缘遮蔽（隔离）。

（5）缘遮蔽（隔离）的范围应比作业人员活动范围增加 0.4m 以上，绝缘遮蔽用具之间的重叠部分不得小于 150mm，遮蔽措施应严密与牢固。

（6）斗内人员作业时严禁人体同时接触两个不同的电位体，包括设置（拆除）绝缘遮蔽（隔离）用具的作业中，作业工位的选择应合适，在不影响作业的前提下，人身务必与带电体和接地体保持一定的安全距离，以防斗内人员作业过程中人体串入电路。

（7）斗内作业人员按照"先内侧（中间相）、后外侧（近边相和远边相）"的顺序依次拆除同相绝缘遮蔽（隔离）用具时，应严格遵循"先接地体后带电体"的原则。绝缘斗内双人作业时，禁止在不同相或不同电位同时作业进行绝缘遮蔽用具的拆除。

四、现场准备工作（见表 5-72）

表 5-72　　　　　　　　　　　　　　现场准备工作

序号	作业内容	步骤及要求	备注
1	现场复勘	步骤 1：工作负责人核对线路人称和杆号正确、工作任务正确、安全措施到位，作业装置和现场环境符合带电作业条件。 步骤 2：工作班成员确认天气良好，实测风速＿＿级（不大于 5 级）、湿度＿＿%（不大于 80%），符合作业条件。 步骤 3：工作负责人根据复勘结果告知工作班成员：现场具备安全作业条件，可以开展工作	
2	设置安全围栏和警示标志	步骤 1：工作班成员依据作业空间设置硬质安全围栏，包括围栏的出入口。 步骤 2：工作班成员设置"从此进出、施工现场、车辆慢行或车辆绕行"等警示标志或路障。 步骤 3：根据现场实际工况，增设临时交通疏导人员，应穿戴反光衣	
3	工作许可，召开站班会	步骤 1：工作负责人向值班调控人员或运维人员申请工作许可和停用重合闸许可，记录许可方式、工作许可人和许可工作（联系）时间，并签字确认。 步骤 2：工作负责人召开站班会宣读工作票。 步骤 3：工作负责人确认工作班成员对工作任务、危险点预控措施和任务分工都已知晓，履行工作票签字、确认手续，记录工作开始时间	
4	摆放和检查工器具，准备杆上（斗内）工作	采用绝缘杆套作业法时： 步骤 1：工作班成员将防潮帆布放置在合适位置。 步骤 2：工作班成员将个人防护用具、绝缘遮蔽用具、检测仪器、金属工具、材料等分区摆放在防潮帆布上。 步骤 3：杆上电工对绝缘安全帽、绝缘披肩或绝缘服、绝缘手套擦拭并外观检查完好无损，绝缘手套进行充（压）气检测确认不漏气。 步骤 4：地面电工配合杆上电工擦拭并外观检查绝缘工具外观完好无损，使用绝缘测试仪分段检测绝缘电阻值不低于 700MΩ。	

续表

序号	作业内容	步骤及要求	备注
4	摆放和检查工器具，准备杆上（斗内）工作	步骤 5：杆上电工对脚扣、安全带进行外观检查和人体冲击试验，确认完好无损。 步骤 6：杆上电工穿戴好绝缘防护用具，准备开始登杆作业。 采用绝缘手套作业法时： 步骤 1：工作班成员将工器具分区摆放在防潮帆布上。 步骤 2：工作班成员按照分工擦拭并外观检查工器具完好无损，绝缘工具绝缘电阻值检测不低于 700MΩ，绝缘手套充（压）气检测不漏气，安全带冲击试验检测安全。 步骤 3：斗内电工擦拭并外观检查绝缘斗臂车的绝缘斗和绝缘臂外观完好无损，空斗试操作运行正常（升降、伸缩、回转等）。 步骤 4：斗内电工穿戴好绝缘防护用具进入绝缘斗、挂好安全带保险钩，地面电工将绝缘遮蔽用具和可携带的工具入斗。 步骤 5：斗内电工按照"先抬臂（离支架）、再伸臂（1m 线）、加旋转"的动作，操作绝缘斗准备起臂进入带电作业区域	

五、现场作业工作

常见的带电普通消缺及装拆附件作业，以图 5-51 所示的架空线路（有熔丝支接装置，三角排列）为例，绝缘杆作业法（登杆作业）带电普通消缺及装拆附件作业现场作业工作见表 5-73，绝缘手套作业法（绝缘斗臂车作业）带电普通消缺及装拆附件现场作业工作见表 5-74。

（a） （b）

图 5-51　架空线路示意图

（a）主线路；（b）分支线路

表 5-73　　绝缘杆作业法（登杆作业）带电普通消缺及装拆附件作业现场作业工作

序号	作业内容	步骤及要求	备注
1	工作开始，进入带电作业区域，验电	步骤 1：获得工作负责人许可后，杆上电工穿戴好绝缘防护用，携带绝缘传递绳登杆至合适位置，将个人使用的后备保护绳（二防绳）系挂在电杆合适位置上。 步骤 2：杆上电工使用验电器对绝缘子、横担进行验电，确认无漏电现象，连同现场检测的风速、湿度一并记录在工作票备注栏内。	

续表

序号	作业内容	步骤及要求	备注
1	工作开始，进入带电作业区域，验电	步骤3：杆上电工在确保安全距离的前提下，使用绝缘操作杆挂好绝缘传递绳。 步骤4：杆上电工根据现场实际情况，使用绝缘操作杆按照"从近到远、从下到上、先带电体后接地体"的遮蔽原则，对不能满足安全距离的带电体和接地体进行绝缘遮蔽	
2	修剪树枝	步骤1：杆上电工判断树枝离带电体的安全距离是否满足要求，无法满足时需采取有效的绝缘遮蔽隔离措施。 步骤2：杆上电工使用修剪刀修剪树枝，树枝高出导线的，应用绝缘绳固定需修剪的树枝，或使之倒向远离线路的方向。 步骤3：地面电工配合将修剪的树枝放至地面	
3	清除异物	步骤1：杆上电工判断拆除异物时的安全距离是否满足要求，无法满足时需采取有效的绝缘遮蔽隔离措施。 步骤2：杆上电工拆除异物时，需站在上风侧，需采取措施防止异物落下伤人等。 步骤3：地面电工配合将异物放至地面	
4	扶正绝缘子	步骤1：杆上电工判断扶正绝缘子时的安全距离是否满足要求，对不能满足安全距离的带电体及接地体进行绝缘遮蔽。 步骤2：作业人员使用绝缘套筒操作杆紧固绝缘子螺母。 步骤3：作业完成后取下绝缘套筒操作杆。 步骤4：扶正绝缘子可按先易后难的原则进行。 步骤5：检查杆上无遗留物，作业人员返回地面	
5	拆除退役设备	步骤1：杆上电工判断拆除废旧设备离带电体的安全距离是否满足要求，无法满足时需采取有效的绝缘遮蔽隔离措施。 步骤2：杆上电工拆除废旧设备时，需采取措施防止废旧设备落下伤人等。 步骤3：地面电工配合将拆除废旧设备放至地面	
6	加装接触设备套管	步骤1：杆上电工判断安装绝缘套管时的安全距离是否满足要求，无法满足时需采取有效的绝缘遮蔽隔离措施。 步骤2：使用绝缘操作杆将绝缘套管安装工具安装到内边相导线上。 步骤3：1号电工使用绝缘夹钳将绝缘套管安装到绝缘套管安装工具的导入槽上。 步骤4：2号电工使用另一把绝缘夹钳推动绝缘套管到相应导线上，绝缘套管之间应紧密连接，使用绝缘夹钳将绝缘套管开口向下。 步骤5：其余两相按相同方法进行。 步骤6：绝缘套管安装完毕后，拆除绝缘套管安装工具。 步骤7：安装绝缘套管可按先易后难的原则进行	

续表

序号	作业内容	步骤及要求	备注
7	拆除接触设备套管	步骤1：杆上电工判断拆除绝缘套管时的安全距离是否满足要求，无法满足时需采取有效的绝缘遮蔽隔离措施。 步骤2：使用绝缘操作杆将绝缘套管安装工具安装到中相导线上。 步骤3：1号电工使用绝缘夹钳将绝缘套管开口向上，拉到绝缘套管安装工具的导入槽上。 步骤4：2号电工使用另一把绝缘夹钳拽动绝缘套管到绝缘套管安装工具的导入槽上，使绝缘套管顺绝缘套管安装工具的导入槽导出。 步骤5：其余两相按相同方法进行。 步骤6：绝缘套管拆除完毕后，拆除绝缘套管安装工具。 步骤7：拆除绝缘套管可按先难后易的原则进行	
8	加装故障指示器	步骤1：杆上电工判断安装故障指示器时的安全距离是否满足要求，无法满足时需采取有效的绝缘遮蔽隔离措施。 步骤2：作业人员使用安装好故障指示器的故障指示器安装工具，垂直于导线向上推动安装工具将故障指示器安装到相应的导线上。 步骤3：故障指示器安装完毕后，撤下故障指示器安装工具。 步骤4：其余两相按相同方法进行	
9	拆除故障指示器	步骤1：杆上电工判断拆除故障指示器时的安全距离是否满足要求，无法满足时需采取有效的绝缘遮蔽隔离措施。 步骤2：作业人员使用故障指示器安装工具，垂直于导线向上推动安装工具，将其锁定到故障指示器上， 并确认锁定牢固。 步骤3：垂直向下拉动安装工具将故障指示器脱离导线。 步骤4：其余两相按相同方法进行	
10	加装驱鸟器	步骤1：杆上电工判断安装驱鸟器时的安全距离是否满足要求，无法满足时需采取有效的绝缘遮蔽隔离措施。 步骤2：作业人员使用驱鸟器的安装工具，将驱鸟器安装到横担的预定位置上，撤下安装工具。驱鸟器螺栓应预留横担厚度距离。 步骤3：使用绝缘套筒操作杆旋紧驱鸟器两螺栓。 步骤4：按相同方法完成其余驱鸟器的安装	
11	拆除驱鸟器	步骤1：作业人员使用绝缘套筒操作杆旋松驱鸟器上的两个固定螺栓。 步骤2：作业人员使用驱鸟器的安装工具，锁定待拆除的驱鸟器，拆除驱鸟器。 步骤3：按相同方法完成其余驱鸟器的拆除工作	
12	工作完成，拆除绝缘遮蔽，退出带电作业区域	步骤1：杆上电工向工作负责人汇报确认本项工作已完成。 步骤2：杆上电工按照"从远到近、从上到下、先接地体后带电体"的原则拆除绝缘遮蔽。 步骤3：检查杆上无遗留物，杆上电工返回地面，工作结束	

表 5-74　　绝缘手套作业法（绝缘斗臂车作业）带电普通消缺及装拆附件现场作业工作

序号	作业内容	步骤及要求	备注
1	清除异物	步骤1：斗内电工将绝缘斗调整至近边相导线适当位置，按照"从近到远、从下到上、先带电体后接地体"的遮蔽原则对作业范围内的所有带电体和接地体进行绝缘遮蔽，其余两相绝缘遮蔽按照相同方法进行。 步骤2：斗内电工拆除异物时，需站在上风侧，应采取措施防止异物落下伤人等。 步骤3：地面电工配合将异物放至地面。 步骤4：工作结束后按照"从远到近、从上到下、先接地体后带电体"拆除遮蔽的原则拆除绝缘遮蔽隔离措施，绝缘斗退出有电工作区域，作业人员返回地面	
2	扶正绝缘子	步骤1：斗内电工将绝缘斗调整至近边相导线适当位置，按照"从近到远、从下到上、先带电体后接地体"的遮蔽原则对作业范围内的所有带电体和接地体进行绝缘遮蔽。 步骤2：斗内电工扶正绝缘子，紧固绝缘子螺栓。 步骤3：如需扶正中间相绝缘子，则两边相和中间相不能满足安全距离带电体和接地体均需进行绝缘遮蔽。 步骤4：工作结束后，按照"从远到近、从上到下、先接地体后带电体"拆除遮蔽的原则拆除绝缘遮蔽隔离措施，绝缘斗退出有电工作区域，作业人员返回地面	
3	修补导线	步骤1：斗内电工将绝缘斗调整至导线修补点附近适当位置，观察导线损伤情况并汇报工作负责人，由工作负责人决定修补方案。 步骤2：斗内电工按照"从近到远、从下到上、先带电体后接地体"的遮蔽原则对作业范围内的所有带电体和接地体进行绝缘遮蔽。 步骤3：斗内电工按照工作负责人所列方案对损伤导线进行修补。 步骤4：导线修补工作结束后，按照"从远到近、从上到下、先接地体后带电体"的原则拆除绝缘遮蔽，绝缘斗退出有电工作区域，作业人员返回地面	
4	调节导线弧垂	步骤1：斗内电工将绝缘斗调整至近边相导线适当位置，按照"从近到远、从下到上、先带电体后接地体"的遮蔽原则对作业范围内的所有带电体和接地体进行绝缘遮蔽，其余两相绝缘遮蔽按照相同方法进行。 步骤2：斗内电工将绝缘斗调整到近边相导线外侧适当位置，将绝缘绳套安装在耐张横担上，安装绝缘紧线器，收紧导线，并安装防止跑线的后备保护绳。 步骤3：斗内电工视导线弧垂大小调整耐张线夹内的导线。 步骤4：其余两相调节导线弧垂工作按相同方法进行。 步骤5：工作结束后，按照"从远到近、从上到下、先接地体后带电体"的原则拆除绝缘遮蔽，绝缘斗退出有电工作区域，作业人员返回地面	
5	处理绝缘导线异响	1. 绝缘导线对耐张线夹放电异响： 步骤1：斗内电工穿戴好绝缘防护用具，进入绝缘斗，挂好安全带保险钩。 步骤2：斗内电工将绝缘斗调整到适当位置，判断放电异响位置，并进行验电。	

序号	作业内容	步骤及要求	备注
5	处理绝缘导线异响	步骤3：斗内电工操作斗臂车定位于距缺陷部位合适位置。 步骤4：斗内电工使用验电器对线路中的耐张绝缘子、横担等进行验电。 步骤5：若检测出耐张绝缘子带电，则应在缺陷电杆电源侧寻找可断、接引流线处，进行带电断引流线作业，再对此缺陷杆进行停电处理。 步骤6：若检测出悬式绝缘子不带电，耐张线夹带电，斗内电工将耳朵贴在绝缘杆另一端，根据异响强弱判定缺陷具体位置。 步骤7：斗内电工将绝缘斗调整至近边相导线适当位置，按照"从近到远、从下到上、先带电体后接地体"的遮蔽原则对作业范围内的所有带电体和接地体进行绝缘遮蔽，其余两相绝缘遮蔽按照相同方法进行。 步骤8：斗内电工以最小范围分别打开横担遮蔽和缺陷相导线遮蔽，安装好绝缘紧线器并收紧使导线不承载，同时安装好绝缘保险绳，迅速恢复遮蔽。 步骤9：斗内电工确认绝缘紧线器承力无误后，打开耐张线夹处绝缘遮蔽，拆除耐张线夹与导线固定的紧固螺栓。 步骤10：斗内电工观察缺陷情况，使用绝缘自粘带对导线绝缘破损缺陷部位进行包缠，使导线恢复绝缘性能。 步骤11：将恢复绝缘性能的导线与耐张线夹可靠固定，并检查确认缺陷已消除，迅速恢复遮蔽。 步骤12：斗内电工操作绝缘紧线器使悬式绝缘子逐渐承力，确认无误后，取下绝缘紧线器和绝缘保险绳，迅速恢复遮蔽。 步骤13：斗内电工采用上述方法对其他缺陷相进行处理。 2. 绝缘导线对柱式绝缘子放电异响： 步骤1：斗内电工穿戴好绝缘防护用具，进入绝缘斗，挂好安全带保险钩。 步骤2：斗内电工操作斗臂车定位于距缺陷部位合适位置。 步骤3：斗内电工使用验电器对线路中的柱式绝缘子、横担进行验电。 步骤4：若检测出柱式绝缘子带电，则应在缺陷电杆电源侧寻找可断、接引流线处，进行带电断引流线作业，再对此缺陷杆进行停电处理。 步骤5：斗内电工将绝缘斗调整至近边相导线适当位置，按照"从近到远、从下到上、先带电体后接地体"的遮蔽原则对作业范围内的所有带电体和接地体进行绝缘遮蔽，其余两相绝缘遮蔽按照相同方法进行。 步骤6：将缺陷相导线遮蔽罩旋转，使开口朝上，使用斗臂车上小吊吊住导线并确认可靠。 步骤7：取下绝缘子遮蔽罩，使用绝缘毯对柱式绝缘子底部接地体进行绝缘遮蔽。 步骤8：拆除绝缘子绑扎线后，操作绝缘小吊臂起吊导线脱离柱式绝缘子至0.4m的安全距离以外。 步骤9：利用绝缘自粘带对导线绝缘破损部分进行包缠，使导线恢复绝缘性能。	

序号	作业内容	步骤及要求	备注
5	处理绝缘导线异响	步骤10：操作绝缘小吊臂，将恢复绝缘性能的导线降落至绝缘子顶部线槽内可靠固定，并检查确认缺陷已消除，迅速恢复遮蔽。 步骤11：斗内电工采用上述方法对其他缺陷相进行处理。 3．隔离开关引线端子处： 步骤1：斗内电工穿戴好绝缘防护用具，进入绝缘斗，挂好安全带保险钩。 步骤2：斗内电工操作斗臂车定位于距缺陷部位合适位置。 步骤3：观察连接点是否有较为明显的烧灼痕迹，结合测温仪，综合判断缺陷具体情况及位置。 步骤4：检查隔离开关处于断开状态。 步骤5：斗内电工将绝缘斗调整至近边相导线适当位置，按照"从近到远、从下到上、先带电体后接地体"的遮蔽原则对作业范围内的所有带电体和接地体进行绝缘遮蔽，其余两相绝缘遮蔽按照相同方法进行。 步骤6：斗内电工移动工作斗至隔离开关下方，使用绝缘操作杆拉开隔离开关。 步骤7：打开该相隔离开关引流线与主导线连接点的绝缘遮蔽，拆除引流线与主导线的连接并将引流线可靠固定后，迅速恢复绝缘遮蔽。 步骤8：打开缺陷点紧固螺栓，根据缺陷点烧灼实际情况，对应采取紧固螺栓、更换本相引流线或隔离开关工作并恢复绝缘遮蔽。 步骤9：将隔离开关引流线与主导线搭接好后，检查确认缺陷已消除，对导线搭接点进行绝缘密封后并迅速恢复遮蔽，使用绝缘操作杆合上隔离开关。 步骤10：斗内电工采用上述方法对其他缺陷相进行处理。 4．处理引流线线夹连接点不良引发异响缺陷： 步骤1：观察连接点是否有较为明显的烧灼痕迹，结合测温仪，综合判断缺陷情况及具体位置，断开引流线下方所带全部负荷。 步骤2：斗内电工将绝缘斗调整至近边相导线适当位置，按照"从近到远、从下到上、先带电体后接地体"的遮蔽原则对作业范围内的所有带电体和接地体进行绝缘遮蔽，其余两相绝缘遮蔽按照相同方法进行。 步骤3：斗内电工移动工作斗至缺陷相，打开缺陷相引流线与主导线连接点的绝缘遮蔽，拆除引流线与主导线的连接并将引流线可靠固定。 步骤4：分别检查连接点两侧导线连接面烧灼情况，根据实际缺陷情况进行处理。 步骤5：使用新的线夹重新进行引流线与主导线的搭接工作，检查确认缺陷已消除，对导线搭接点进行绝缘密封后并迅速恢复遮蔽。 步骤6：斗内电工采用上述方法对其他缺陷相进行处理	
6	拆除退役设备	步骤1：斗内电工将绝缘斗调整至近边相导线适当位置，按照"从近到远、从下到上、先带电体后接地体"的遮蔽原则对作业范围内的所有带电体和接地体进行绝缘遮蔽，其余两相绝缘遮蔽按照相同方法进行。	

序号	作业内容	步骤及要求	备注
6	拆除退役设备	步骤2：斗内电工拆除退役设备时，需采取措施防止退役设备落下伤人等。 步骤3：地面电工配合将退役设备放至地面。 步骤4：工作结束后按照"从远到近、从上到下、先接地体后带电体"的原则拆除绝缘遮蔽，绝缘斗退出有电工作区域，作业人员返回地面	
7	更换拉线	步骤1：斗内电工穿戴好绝缘防护用具，进入绝缘斗，挂好安全带保险钩。 步骤2：斗内电工将绝缘斗调整至适当位置，对绝缘子、横担等设备进行验电，确认无漏电现象。 步骤3：斗内电工按照"从近到远、从下到上、先带电体后接地体"的遮蔽原则对作业范围内的所有带电体和接地体进行绝缘遮蔽。 步骤4：斗内电工打开需要更换拉线抱箍位置的绝缘遮蔽。 步骤5：地面电工使用绝缘绳将新的拉线抱箍和拉线分别传递给斗内电工。传递拉线时地面电工用绝缘绳控制拉线方向。 步骤6：斗内电工在旧抱箍下方安装新拉线抱箍和拉线，安装好后立即恢复绝缘遮蔽。 步骤7：斗内电工操作绝缘斗至安全区域。 步骤8：施工配合人员站在绝缘垫上，使用紧线器收紧拉线，并进行新拉线UT楔形线夹的制作。 步骤9：施工配合人员检查新拉线受力无问题后拆除新拉线上的紧线器。 步骤10：施工配合人员站在绝缘垫上，使用紧线器收紧旧拉线，缓慢松开旧拉线UT线夹螺栓，使拉线不承力。 步骤11：斗内电工操作绝缘斗至旧拉线抱箍处，打开绝缘遮蔽，拆除旧拉线及抱箍，并使用绝缘传递绳将旧拉线和拉线抱箍分别传递至地面。传递拉线时地面电工用绝缘绳控制拉线方向。 步骤12：施工配合人员拆除旧拉线的紧线器。 步骤13：斗内电工检查拉线与带电体安全距离及杆上施工质量满足要求	
8	拆除非承力拉线	步骤1：斗内电工穿戴好绝缘防护用具，进入绝缘斗，挂好安全带保险钩。 步骤2：斗内电工将绝缘斗调整至内边相导线外侧适当位置，对绝缘子、横担进行验电，确认无漏电现象。 步骤3：斗内电工按照"从近到远、从下到上、先带电体后接地体"的遮蔽原则对作业范围内的所有带电体和接地体进行绝缘遮蔽。 步骤4：施工配合人员站在绝缘垫上，使用紧线器收紧拉线。 步骤5：确认拉线不受力后，拆除下楔形线夹与拉线棍的连接，缓慢放松紧线器。 步骤6：斗内电工操作工作斗至工作位置，打开拉线抱箍与楔形线夹连接处的绝缘遮蔽。斗内电工拆除拉线抱箍与上楔形线夹的连接后立即恢复拉线抱箍遮蔽。 步骤7：斗内电工使用绝缘传递绳将拉线传至地面，拆除拉线抱箍。	

序号	作业内容	步骤及要求	备注
8	拆除非承力拉线	步骤8：工作结束后，按照"从远到近、从上到下、先接地体后带电体"的原则拆除杆上绝缘遮蔽，绝缘斗退出有电工作区域，作业人员返回地面	
9	加装接地环	步骤1：斗内电工将绝缘斗调整至近边相导线下，按照"从近到远、从下到上、先带电体后接地体"的遮蔽原则对作业范围内的所有带电体和接地体进行绝缘遮蔽。 步骤2：其余两相绝缘遮蔽按照相同方法进行。 步骤3：斗内电工将绝缘斗调整到中间相导线下侧，安装验电接地环。 步骤4：其余两相验电接地环安装工作按相同方法进行（应先中间相、后远边相、最后近边相顺序，也可视现场实际情况由远到近依次进行）。 步骤5：工作结束后，按照"从远到近、从上到下、先接地体后带电体"的原则拆除绝缘遮蔽，绝缘斗退出有电工作区域，作业人员返回地面	
10	加装接触设备套管	步骤1：斗内电工将绝缘斗调整至近边相导线适当位置，按照"从近到远、从下到上、先带电体后接地体"的遮蔽原则对作业范围内的所有带电体和接地体进行绝缘遮蔽，其余两相绝缘遮蔽按照相同方法进行。 步骤2：斗内电工将绝缘套管安装到相应导线上，绝缘套管之间应紧密连接，绝缘套管开口向下。 步骤3：其余两相按相同方法进行。 步骤4：工作结束后，按照"从远到近、从上到下、先接地体后带电体"的原则拆除绝缘遮蔽，绝缘斗退出有电工作区域，作业人员返回地面	
11	拆除接触设备套管	步骤1：斗内电工将绝缘斗调整至近边相导线适当位置，按照"从近到远、从下到上、先带电体后接地体"的遮蔽原则对作业范围内的所有带电体和接地体进行绝缘遮蔽，其余两相绝缘遮蔽按照相同方法进行。 步骤2：斗内电工将绝缘斗调整至中间相适当位置，将绝缘套管开口向上，拉到绝缘套管安装工具的导入槽上，拆除中间相导线上绝缘套管。 步骤3：其余两相按相同方法进行。拆除绝缘套管可按照先中间相、再远边相、最后近边相的顺序进行。 步骤4：工作结束后，按照"从远到近、从上到下、先接地体后带电体"的原则拆除绝缘遮蔽，绝缘斗退出有电工作区域，作业人员返回地面	
12	加装故障指示器	步骤1：斗内电工将绝缘斗调整至近边相导线下，按照"从近到远、从下到上、先带电体后接地体"的遮蔽原则对作业范围内的所有带电体和接地体进行绝缘遮蔽。 步骤2：其余两相绝缘遮蔽按照相同方法进行。	

续表

序号	作业内容	步骤及要求	备注
12	加装故障指示器	步骤3：斗内电工将绝缘斗调整到中间相导线下侧，将故障指示器安装在导线上，安装完毕后拆除中间相绝缘遮蔽措施。其余两相按相同方法进行。 步骤4：加装故障指示器应先中间相、再远边相、最后近边相顺序，也可视现场实际情况由远到近依次进行。 步骤5：工作结束后，按照"从远到近、从上到下、先接地体后带电体"的原则拆除绝缘遮蔽，绝缘斗退出有电工作区域，作业人员返回地面	
13	拆除故障指示器	步骤1：斗内电工将绝缘斗调整至近边相导线下，按照"从近到远、从下到上、先带电体后接地体"的遮蔽原则对作业范围内的所有带电体和接地体进行绝缘遮蔽。 步骤2：其余两相绝缘遮蔽按照相同方法进行。 步骤3：斗内电工将绝缘斗调整到中间相导线下侧，将故障指示器拆除，拆除完毕后拆除中间相绝缘遮蔽措施。其余两相按相同方法进行。 步骤4：拆除故障指示器应先中间相、再远边相、最后近边相顺序，也可视现场实际情况由远到近依次进行。 步骤5：工作结束后按照"从远到近、从上到下、先接地体后带电体"的原则拆除绝缘遮蔽。绝缘斗退出有电工作区域，作业人员返回地面	
14	加装驱鸟器	步骤1：斗内电工将绝缘斗调整至近边相导线下，按照"从近到远、从下到上、先带电体后接地体"的遮蔽原则对作业范围内的所有带电体和接地体进行绝缘遮蔽。 步骤2：其余两相绝缘遮蔽按照相同方法进行。 步骤3：斗内电工将绝缘斗调整到需安装驱鸟器的横担处，将驱鸟器安装到横担上，并紧固螺栓。 步骤4：加装驱鸟器应按照先远后近的顺序，也可视现场实际情况由近到远依次进行。 步骤5：工作结束后，按照"从远到近、从上到下、先接地体后带电体"的原则拆除绝缘遮蔽，绝缘斗退出有电工作区域，作业人员返回地面	
15	拆除驱鸟器	步骤1：斗内电工将绝缘斗调整至近边相导线下，按照"从近到远、从下到上、先带电体后接地体"的遮蔽原则对作业范围内的所有带电体和接地体进行绝缘遮蔽。 步骤2：其余两相绝缘遮蔽按照相同方法进行。 步骤3：斗内电工将绝缘斗调整到需拆除驱鸟器的横担处，将驱鸟器螺栓松开，将驱鸟器取下。 步骤4：拆除驱鸟器应按照先远后近的顺序，也可视现场实际情况由近到远依次进行。 步骤5：工作结束后，按照"从远到近、从上到下、先接地体后带电体"的原则拆除绝缘遮蔽，绝缘斗退出有电工作区域，作业人员返回地面	

六、作业后的终结工作（见表5-75）

表 5-75　　　　　　　　　　　作业后的终结工作

序号	作业内容	步骤及要求	备注
1	清理现场	步骤1：工作班成员整理工具、材料，清洁后装箱、装袋。 步骤2：工作班成员清理现场：工完、料尽、场地清	
2	召开收工会	步骤1：点评本项工作的完成情况。 步骤2：点评安全措施的落实情况。 步骤3：点评作业指导书的执行情况	
3	工作终结	步骤1：工作负责人向值班调控人员或运维人员报告申请终结工作票，记录许可方式、工作许可人和终结报告时间，并签字确认，宣布本项工作结束。 步骤2：工作负责人组织工作班成员撤离现场，到达班组后将作业资料分类归档	

第六节　旁路类项目

10kV 配网不停电作业"旁路类（即转供电类）"项目常见的有：

（1）不停电"更换"柱上变压器；

（2）旁路作业"检修"架空线路；

（3）旁路作业"检修"电缆线路；

（4）旁路作业"检修"环网箱等。

一、人员配置

常见的旁路类作业项目人员配置如图 5-52 所示，旁路作业检修架空线路项目人员配置见表 5-76，不停电更换 10kV 柱上变压器项目人员配置见表 5-77，旁路作业检修 10kV 电缆线路人员配置见表 5-78、旁路作业检修 10kV 环网箱人员配置见表 5-79。

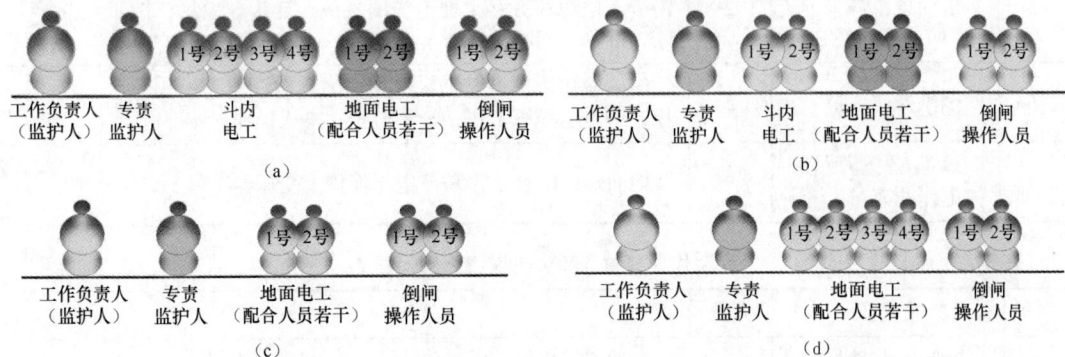

图 5-52　常见的旁路类作业项目人员配置示意图

（a）旁路作业检修架空线路项目；（b）不停电更换 10kV 柱上变压器项目；
（c）旁路作业检修 10kV 电缆线路项目；（d）旁路作业检修 10kV 环网箱

表 5-76 旁路作业检修架空线路项目人员配置

序号	责任人	人数	分工	备注
1	项目总协调人	1	协调不同班组协同工作	
2	带电工作负责人（监护人）	1	组织、指挥带电作业和旁路作业工作，作业中全程监护和落实作业现场安全措施	
3	专责监护人	1	配合工作负责人履行职责，监护和落实作业现场安全措施	
4	斗内电工	4	1号斗臂车斗内1号电工：桥接施工法工作，斗内2号电工：配合斗内1号电工作业； 2号斗臂车斗内1号电工：桥接施工法工作，斗内2号电工：配合斗内1号电工作业	
5	地面电工	4	带电作业地面工作和旁路作业地面工作，包括：旁路引下电缆和旁路柔性电缆的展放、连接、检测、接入、拆除、回收等工作	
6	倒闸操作人员	2	倒闸操作工作，包括：旁路电缆回路核相、投入运行、退出运行等工作，一人监护、一人操作	
7	地面配合人员和停电作业人员	若干	负责地面辅助配合工作和停电检修架空线路工作	

表 5-77 不停电更换 10kV 柱上变压器项目人员配置

序号	责任人	人数	分工	备注
1	项目总协调人	1	协调不同班组协同工作	
2	带电工作负责人（监护人）	1	组织、指挥带电作业工作，作业中全程监护和落实作业现场安全措施	
3	专责监护人	1	配合工作负责人履行职责，监护和落实作业现场安全措施	
4	斗内电工	2	斗内1号电工：旁路引下电缆接入和拆除等工作； 斗内2号电工：配合斗内1号电工作业	
5	地面电工	2	带电作业地面工作和旁路作业地面工作，包括：旁路引下电缆和旁路柔性电缆的展放、连接、检测、接入、拆除、回收等工作	
6	倒闸操作人员	2	倒闸操作工作，包括：旁路电缆回路核相、投入运行、退出运行等工作，一人监护、一人操作	
7	地面配合人员和停电作业人员	若干	地面辅助配合工作和停电更换柱上变压器工作	

表 5-78 旁路作业检修 10kV 电缆线路人员配置

序号	责任人	人数	分工	备注
1	项目总协调人	1	协调不同班组协同工作	
2	电缆工作负责人（监护人）	1	组织、指挥旁路作业工作，作业中全程监护和落实作业现场安全措施	

序号	责任人	人数	分工	备注
3	专责监护人	1	配合工作负责人履行职责，监护和落实作业现场安全措施	
4	地面电工	2	旁路作业地面工作，包括：旁路电缆的展放、连接、检测、接入、拆除、回收等工作	
5	倒闸操作人员	2	倒闸操作工作，包括：旁路电缆回路核相、投入运行、退出运行等工作，一人监护、一人操作	
5	地面配合人员和停电作业人员	若干	负责地面辅助配合工作和停电检修电缆线路工作	

表 5-79   旁路作业检修 10kV 环网箱人员配置

序号	责任人	人数	分工	备注
1	项目总协调人	1	协调不同班组协同工作	
2	电缆工作负责人（监护人）	1	组织、指挥旁路作业工作，作业中全程监护和落实作业现场安全措施	
3	专责监护人	1	配合工作负责人履行职责，监护和落实作业现场安全措施	
4	地面电工	2	旁路作业地面工作，包括：旁路电缆的展放、连接、检测、接入、拆除、回收等工作	
5	倒闸操作人员	4	倒闸操作工作，包括：旁路电缆回路核相、投入运行、退出运行等工作，一人监护、一人操作	
6	地面配合人员和停电作业人员	若干	负责地面辅助配合工作和停电检修环网箱工作	

二、工器具配置

1. 特种车辆

特种车辆如图 5-53 所示，配置见表 5-80。

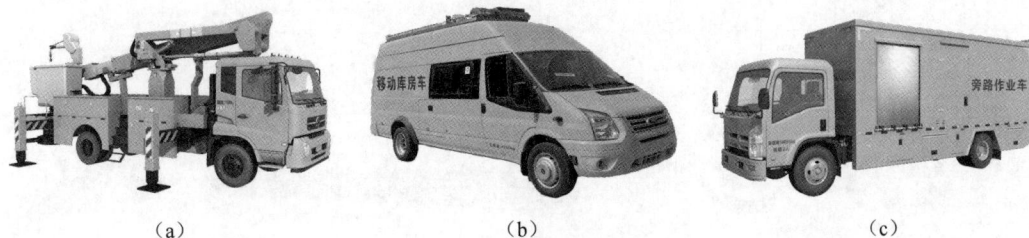

图 5-53   特种车辆

（a）绝缘斗臂车；（b）移动库房车；（c）旁路作业车

表 5-80   特种车辆配置

序号	名称	规格、型号	单位	数量	备注
1	绝缘斗臂车	10kV	辆	2	
2	移动库房车		辆	1	
3	旁路作业车	10kV	辆	1	旁路设备车
4	移动箱变车	10kV/0.4kV	辆	1	配套高（低）压电缆
5	低压发电车	0.4kV	辆	1	备用

2. 个人防护用具

个人防护用具如图 5-54 所示，配置见表 5-81。

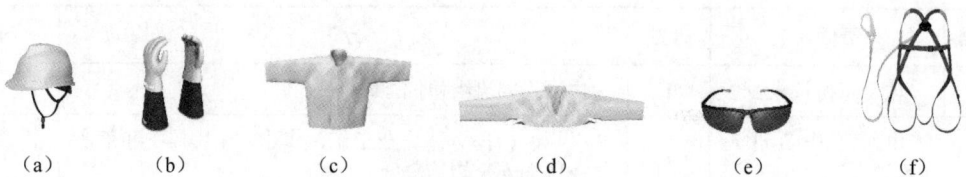

（a）   （b）   （c）   （d）   （e）   （f）

图 5-54   个人防护用具

（a）绝缘安全帽；（b）绝缘手套+羊皮或仿羊皮保护手套；（c）绝缘服；（d）绝缘披肩；（e）护目镜；（f）安全带

表 5-81   个人防护用具配置

序号	名称	规格、型号	单位	数量	备注
1	绝缘安全帽	10kV	顶	4	
2	绝缘手套	10kV	双	4	带防刺穿保护手套
3	绝缘披肩（绝缘服）	10kV	件	4	根据现场情况选择
4	护目镜		副	4	
5	安全带		副	4	有后背保护绳

3. 绝缘遮蔽用具

绝缘遮蔽用具如图 5-55 所示，配置见表 5-82。

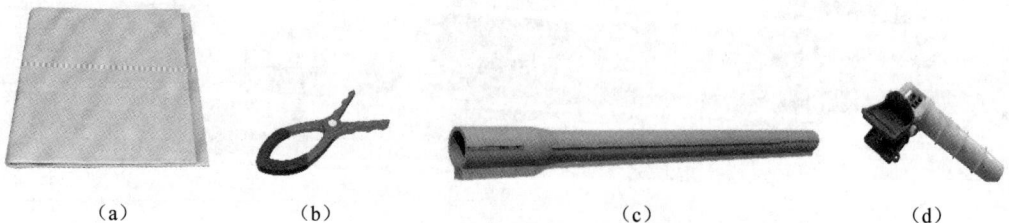

（a）   （b）   （c）   （d）

图 5-55   绝缘遮蔽用具（根据实际工况选择）

（a）绝缘毯；（b）绝缘毯夹；（c）导线遮蔽罩；（d）导线端头遮蔽罩

表 5-82   绝缘遮蔽用具配置

序号	名称	规格、型号	单位	数量	备注
1	导线遮蔽罩	10kV	根	18	不少于配备数量
2	导线端头遮蔽罩	10kV	个	12	根据实际情况选用
3	绝缘毯	10kV	块	24	不少于配备数量
4	绝缘毯夹		个	48	不少于配备数量

4. 绝缘工具和金属工具

绝缘工具如图 5-56 所示，金属工具如图 5-57 所示，配置见表 5-83。

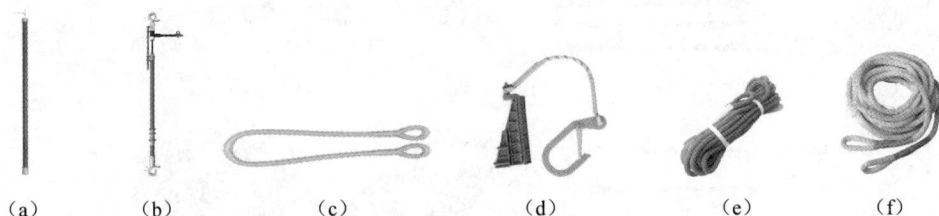

（a）　　　（b）　　　（c）　　　（d）　　　（e）　　　（f）

图 5-56　绝缘工具（根据实际工况选择）

（a）绝缘操作杆；（b）桥接工具之硬质绝缘紧线器；（c）绝缘保护绳；（d）绝缘防坠传递绳；
（e）绝缘传递绳 1（防潮型）；（f）绝缘防坠绳 2（普通型）

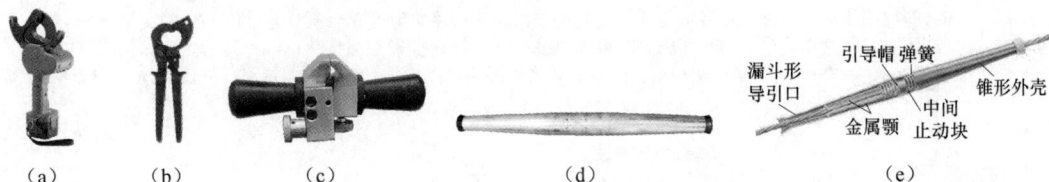

（a）　　　（b）　　　（c）　　　　（d）　　　　（e）

图 5-57　金属工具（根据实际工况选择）

（a）电动断线切刀；（b）棘轮切刀；（c）绝缘导线剥皮器；（d）桥接工具之专用快速接头；
（e）桥接工具之专用快速接头构造图

表 5-83   绝缘工具和金属工具配置

序号		名称	规格、型号（kV）	单位	数量	备注
1	绝缘工具	绝缘操作杆	10	个	2	拉合开关用
2		硬质绝缘紧线器	10	个	6	桥接工具
3		绝缘保护绳	10	个	6	后备保护绳
4		绝缘防坠绳	10	个	6	临时固定引下电缆用
5		绝缘传递绳	10	个	2	起吊引下电缆（备）用
6	金属工具	电动断线切刀或棘轮切刀		个	2	根据实际情况选用
7		绝缘导线剥皮器		个	2	
8		专用快速接头		个	6	桥接工具

5. 旁路设备

旁路设备如图 5-58 所示，0.4kV 旁路设备如图 5-59 所示，旁路设备配置见表 5-84。

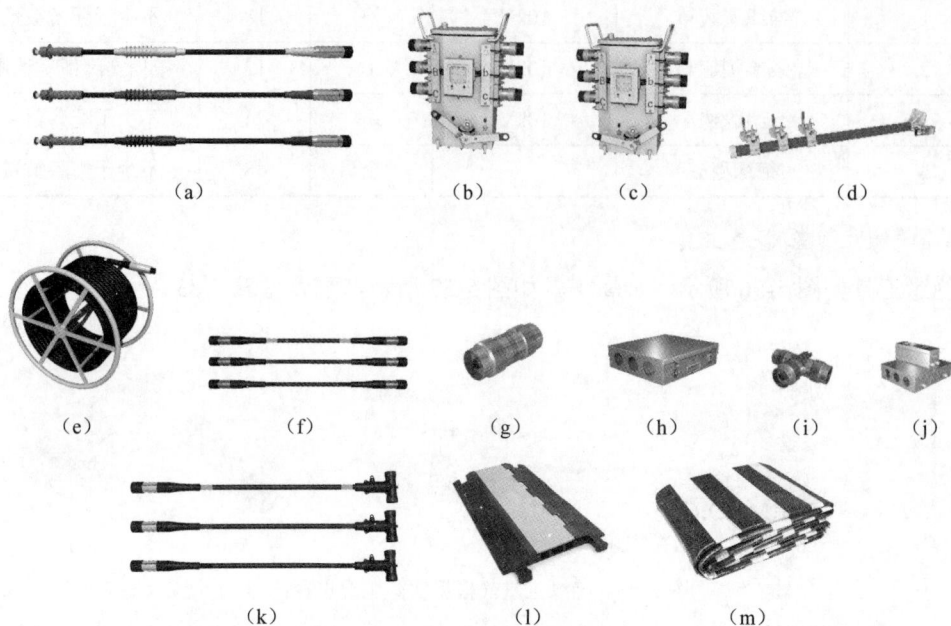

图 5-58　旁路设备（根据实际工况选择）

（a）旁路引下电缆；（b）旁路负荷开关分闸位置；（c）旁路负荷开关合闸位置；（d）余缆支架；
（e）高压旁路柔性电缆盘；（f）高压旁路柔性电缆；（g）快速插拔直通接头；（h）直通接头保护架；
（i）快速插拔 T 型接头；（j）T 型接头保护架；（k）T 型接头旁路辅助电缆；（l）电缆过路保护板；（m）彩条防雨布

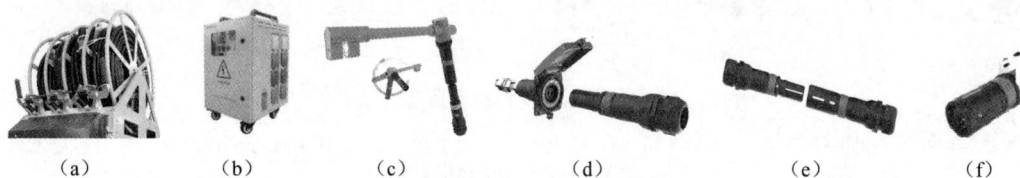

图 5-59　0.4kV 旁路设备（根据实际工况选择）

（a）低压旁路柔性电缆；（b）400V 快速连接箱；（c）变台 JP 柜低压输出端母排用专用快速接头；
（d）低压旁路电缆快速接入箱用专用快速接头；（e）低压旁路电缆用专用快速接头；（f）低压输出端母排专用快速接头

表 5-84　　　　　　　　　　　　　旁路设备配置

序号	名称	规格、型号	单位	数量	备注
1	旁路引下电缆	10kV，200A	组	2	黄绿红 3 根 1 组，15m
2	旁路负荷开关	10kV，200A	台	2	带核相装置/安装抱箍
3	余缆支架		根	4	含电杆安装带
4	旁路柔性电缆	10 kV，200A	组	若干	黄绿红 3 根 1 组，50m
5	快速插拔直通接头	10 kV，200A	个	若干	带接头保护盒

续表

序号	名称	规格、型号	单位	数量	备注
6	电缆保护盒或彩条防雨布		m	若干	根据现场情况选用
7	低压旁路柔性电缆	0.4kV	组	1	黄绿红黑4根1组
8	配套专用接头		组	1	低压旁路柔性电缆用
9	400V快速连接箱	0.4kV	台	1	备用

6. 仪器仪表

仪器仪表如图5-60所示，配置见表5-85。

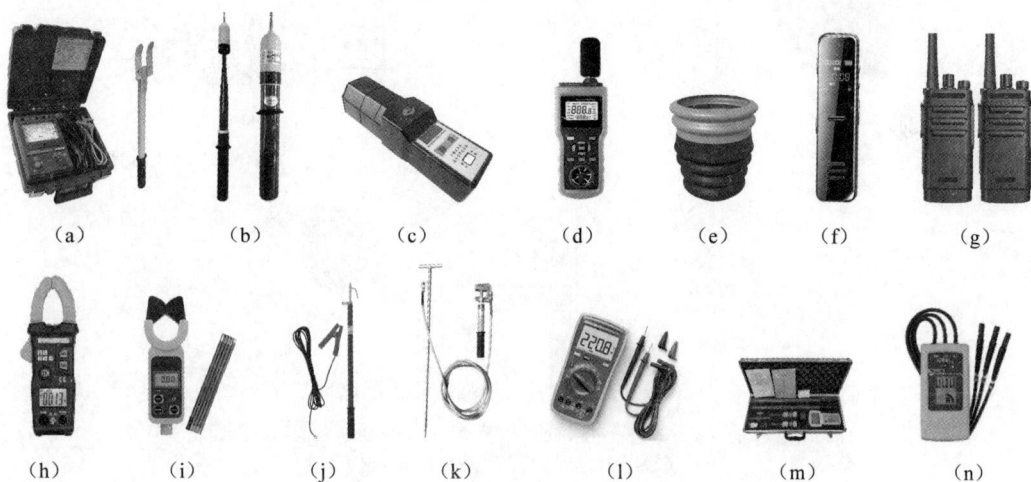

图5-60 仪器仪表（根据实际工况选择）

（a）绝缘电阻测试仪+电极板；（b）高压验电器；（c）工频高压发生器；（d）风速湿度仪；（e）绝缘手套充压气检测器；（f）录音笔；（g）对讲机；（h）钳形电流表1（手持式）；（i）钳形电流表2（绝缘杆式）；（j）放电棒；（k）接地棒；（l）万用表；（m）便携式核相仪；（n）相序表

表5-85　　　　　　　　　　　　仪器仪表配置

序号	名称	规格、型号	单位	数量	备注
1	绝缘电阻测试仪	2500V及以上	套	1	含电极板
2	钳形电流表	高压	个	1	推荐绝缘杆式
3	高压验电器	10kV	个	1	
4	工频高压发生器	10kV	个	1	
5	风速湿度仪		个	1	
6	绝缘手套充压气检测器		个	1	
7	录音笔				记录作业对话用
8	对讲机	户外无线手持	台	3	杆上杆下监护指挥用

序号	名称	规格、型号	单位	数量	备注
9	放电棒		个	1	带接地线
10	接地棒和接地线		个	2	包括旁路负荷开关用
11	核相工具		套	1	根据现场设备选配
12	万用表		个	1	

7. 其他和材料

其他和材料如图 5-61 所示，配置见表 5-86。

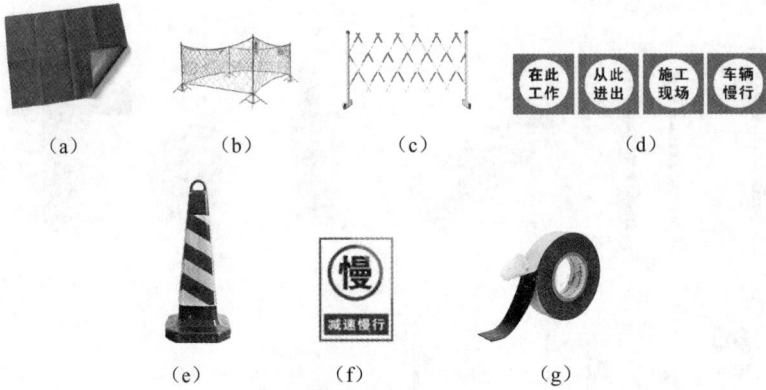

图 5-61　其他和材料（根据实际工况选择）

（a）防潮苫布；（b）安全围栏 1；（c）安全围栏 1；（d）警告标志；（e）路障；
（f）减速慢行标志；（g）绝缘自粘带（材料）

表 5-86　　　　　　　　　　　　　其他和材料配置

序号		名称	规格、型号	单位	数量	备注
1	其他	防潮苫布		块	若干	根据现场情况选择
2		个人手工工具		套	1	推荐用绝缘手工工具
3		安全围栏		组	1	
4		警告标志		套	1	
5		路障和减速慢行标志		组	1	
6	材料	绝缘自粘带		卷	若干	恢复绝缘用
7		清洁纸和硅脂膏		个	若干	清洁和涂抹接头用

三、风险管控

对于多专业人员协同工作：

（1）带电作业人员负责从架空线路"取电"工作，执行《配电带电作业工作票》；

（2）旁路作业人员负责在"可控"的无电状态下完成从（电源侧）旁路负荷开关给（负

荷侧）旁路负荷开关"送电"的旁路回路"接入"工作，执行《配电第一种工作票》或共用《配电带电作业工作票》；

（3）运维人员负责"倒闸操作"工作，执行《配电倒闸操作票》；

（4）停电作业人员负责停电"检修（更换）"工作，执行《配电第一种工作票》。

1. 带电作业协同工作

（1）带电工作负责人（或专责监护人）在工作现场必须履行工作职责和行使监护职责。

（2）进入绝缘斗内的作业人员必须穿戴个人绝缘防护用具（绝缘手套、绝缘服或绝缘披肩等），做好人身安全防护工作。使用的安全带应有良好的绝缘性能，起臂前安全带保险钩必须系挂在斗内专用挂钩上。

（3）个人绝缘防护用具使用前必须进行外观检查，绝缘手套使用前必须进行充（压）气检测，确认合格后方可使用。带电作业过程中，禁止摘下绝缘防护用具。

（4）绝缘斗臂车使用前应可靠接地。作业中，绝缘斗臂车绝缘臂伸出的有效绝缘长度不小于 1.0m。

（5）斗内电工按照"先外侧（近边相和远边相）、后内侧（中间相）"的顺序，依次对作业位置处带电体（导线）设置绝缘遮蔽（隔离）措施时，缘遮蔽（隔离）的范围应比作业人员活动范围增加 0.4m 以上，绝缘遮蔽用具之间的重叠部分不得小于 150mm。绝缘斗内双人作业时，禁止在不同相或不同电位同时作业进行绝缘遮蔽。

（6）斗内电工作业时严禁人体同时接触两个不同的电位体，在整个的作业过程中，包括设置（拆除）绝缘遮蔽（隔离）用具的作业中，作业工位的选择应合适，在不影响作业的前提下，人身务必与带电体和接地体保持一定的安全距离，以防斗内电工作业过程中人体串入电路。绝缘斗内双人作业时，禁止同时在不同相或不同电位作业。

（7）带电安装（拆除）安装高压旁路引下电缆前，必须确认（电源侧和负荷侧）旁路负荷开关处于"分"闸状态并可靠闭锁。

（8）带电安装（拆除）安装高压旁路引下电缆时，必须是在作业范围内的带电体（导线）完全绝缘遮蔽的前提下进行，起吊高压旁路引下电缆时应使用小吊臂缓慢进行。

（9）带电接入旁路引下电缆时，必须确保旁路引下电缆的相色标记 "黄、绿、红"与高压架空线路的相位标记 A（黄）、B（绿）、C（红）保持一致。接入的顺序是"远边相、中间相和近边相"导线，拆除的顺序相反。

（10）高压旁路引下电缆与旁路负荷开关可靠连接后，在与架空导线连接前，合上旁路负荷开关检测旁路回路绝缘电阻应不小于 $500M\Omega$；检测完毕、充分放电后，断开且确认旁路负荷开关处于"分闸"状态并可靠闭锁。

（11）在起吊高压旁路引下电缆前，应事先用绝缘毯将与架空导线连接的引流线夹遮蔽好，并在其合适位置系上长度适宜的起吊绳和防坠绳。

（12）挂接高压旁路引下电缆的引流线夹时应先挂防坠绳、再拆起吊绳；拆除引流线夹时先挂起吊绳，再拆防坠绳；拆除后的引流线夹及时用绝缘毯遮蔽好后再起吊下落。

（13）拉合旁路负荷开关应使用绝缘操作杆进行，旁路回路投入运行后应及时锁死闭锁机构。旁路回路退出运行，断开高压旁路引下电缆后应对旁路回路充分放电。

（14）斗内电工拆除绝缘遮蔽（隔离）用具的作业中，应严格遵守"先内侧（中间相）、后外侧（近边相和远边相）"的拆除原则（与遮蔽顺序相反）。绝缘斗内双人作业时，禁止在不同相或不同电位同时作业拆除绝缘遮蔽（隔离）用具。

（15）对于旁路作业检修架空线路作业：带电作业人员在电源侧和负荷侧耐张（开关）杆处完成已检修段线路接入主线路的供电（恢复）工作时，应严格按照带电作业方式进行。

（16）对于旁路作业检修架空线路和不停电更换 10kV 柱上变压器作业：依据 Q/GDW 10799.8—2023《国家电网有限公司电力安全工作规程　第 8 部分：配电部分》（第 11.2.17）规定：带电、停电配合作业的项目，在带电、停电作业工序转换前，双方工作负责人应进行安全技术交接。

2. 旁路作业+倒闸操作协同工作

（1）电缆工作负责人（或专责监护人）在工作现场必须履行工作职责和行使监护职责。

（2）采用旁路作业方式进行架空线路检修作业时，必须确认线路负荷电流小于旁路系统额定电流（200A），旁路作业中使用的旁路负荷开关、移动箱变必须满足最大负荷电流要求（200A），旁路开关外壳应可靠接地，移动箱变车按接地要求可靠接地。

（3）展放旁路柔性电缆时，应在工作负责人的指挥下，由多名作业人员配合使旁路电缆离开地面整体敷设在保护槽盒内，防止旁路电缆与地面摩擦且不得受力，防止电缆出现扭曲和死弯现象。展放、接续后应进行分段绑扎固定。

（4）采用地面敷设旁路柔性电缆时，沿作业路径应设安全围栏和"止步、高压危险！"标示牌，防止旁路电缆受损或行人靠近旁路电缆；在路口应采用过街保护盒或架空敷设，如需跨越道路时应采用架空敷设方式。

（5）连接旁路设备和旁路柔性电缆前，应对旁路回路中的电缆接头、接口的绝缘部分进行清洁，并按规定要求均匀涂抹绝缘硅脂。

（6）旁路作业中使用的旁路负荷开关必须满足最大负荷电流要求（小于旁路系统额定电流 200A），旁路开关外壳应可靠接地。

（7）采用自锁定快速插拔直通接头分段连接（接续）旁路柔性电缆终端时，应逐相将旁路柔性电缆的"同相色（黄、绿、红）"快速插拔终端可靠连接，带有分支的旁路柔性电缆终端应采用自锁定快速插拔 T 型接头。接续好的终端接头放置专用铠装接头保护盒内。三相旁路柔性电缆接续完毕后应分段绑扎固定。

（8）接续好的旁路柔性电缆终端与旁路负荷开关连接时应采用快速插拔终端接头，连接应核对分相标志，保证相位色的一致：相色"黄、绿、红"与同相位的 A（黄）、B（绿）、C（红）相连。

（9）旁路系统投入运行前和恢复原线路供电前必须进行核相，确认相位正确方可投入运行。对低压用户临时转供的时候，也必须进行核相（相序）。恢复原线路接入主线路供电前必须符合送电条件。

（10）展放和接续好的旁路系统接入前进行绝缘电阻检测应不小于 500MΩ。绝缘电阻检测完毕后，以及旁路设备拆除前、电缆终端拆除后，均应进行充分放电，用绝缘放电棒放电时，绝缘放电棒（杆）的接地应良好。绝缘放电棒（杆）以及验电器的绝缘有效长度应不小于 0.7m。

（11）操作旁路设备开关、检测绝缘电阻、使用放电棒（杆）进行放电时，操作人员均应戴绝缘手套进行。

（12）旁路系统投入运行后，应每隔半小时检测一次回路的负载电流，监视其运行情况。在旁路柔性电缆运行期间，应派专人看守、巡视。在车辆繁忙地段还应与交通管理部门取得联系，以取得配合。夜间作业应有足够的照明。

（13）组装完毕并投入运行的旁路作业装备可以在雨、雪天气运行（此条建议慎重执行），但应做好安全防护。禁止在雨、雪天气进行旁路作业装备敷设、组装、回收等工作。

（14）旁路作业中需要倒闸操作，必须由运行操作人员严格按照《配电倒闸操作票》进行，操作过程必须由两人进行，一人监护一人操作，并执行唱票制。操作机械传动的断路器（开关）或隔离开关（刀闸）时应戴绝缘手套。没有机械传动的断路器（开关）、隔离开关（刀闸）和跌落式熔断器，应使用合格的绝缘棒进行操作。

四、现场准备工作（见表 5-87）

表 5-87 现场准备工作

序号	作业内容	步骤及要求	备注
1	现场复勘	步骤1：工作负责人核对线路名称和杆号正确、工作任务无误，线路负荷电流不大于 200A，作业装置和现场环境符合带电作业和旁路作业条件。 步骤2：工作班成员确认天气良好，实测风速＿＿级（不大于 5 级）、湿度＿＿%（不大于 80%），符合作业条件。 步骤3：工作负责人根据复勘结果告知工作班成员：现场具备安全作业条件，可以开展工作	
2	设置安全围栏和警示标志	步骤1：工作负责人指挥驾驶员将绝缘斗臂车停放到合适位置，支腿支放到垫板上，轮胎离地，支撑牢固后将车体可靠接地。 步骤2：工作班成员依据作业空间设置硬质安全围栏，包括围栏的出入口。 步骤3：工作班成员设置"从此进出、施工现场、车辆慢行或车辆绕行"等警示标志或路障。 步骤4：根据现场实际工况，增设临时交通疏导人员，应穿戴反光衣	
3	工作许可，召开站班会	步骤1：工作负责人向值班调控人员或运维人员申请工作许可和停用重合闸许可，记录许可方式、工作许可人和许可工作（联系）时间，并签字确认。	

续表

序号	作业内容	步骤及要求	备注
3	工作许可，召开站班会	步骤2：工作负责人召开站班会宣读工作票。 步骤3：工作负责人确认工作班成员对工作任务、危险点预控措施和任务分工都已知晓，履行工作票签字、确认手续，记录工作开始时间	
4	摆放和检查工器具	步骤1：工作班成员将工器具分区摆放在防潮帆布上。 步骤2：工作班成员按照分工擦拭并外观检查工器具完好无损，绝缘工具绝缘电阻值检测不低于700MΩ，绝缘手套充（压）气检测不漏气，安全带冲击试验检测安全。 步骤3：斗内电工擦拭并外观检查绝缘斗臂车的绝缘斗和绝缘臂外观完好无损，空斗试操作运行正常（升降、伸缩、回转等）。 步骤4：检查旁路作业设备完好无损，对旁路系统进行绝缘电阻测量（包括相间、相对地及断口间绝缘电阻），其绝缘电阻均应不小于500MΩ，以及旁路系统导通检测，试验检测后应及时放电	

五、现场作业工作

1. 旁路作业检修架空线路作业

旁路作业检修架空线路作业，以图 5-62 所示的架空线路（三角排列）为例，其现场作业工作见表 5-88。

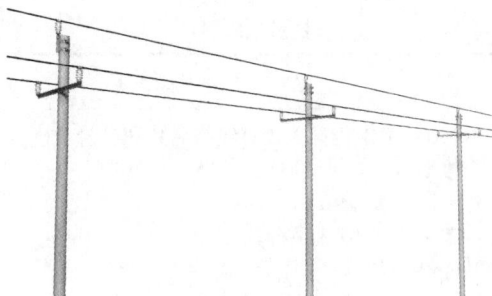

图 5-62 架空线路（三角排列）示意图

表 5-88　　　　　　　　　　　现场作业工作

序号	作业内容	步骤及要求	备注
1	旁路电缆回路接入	执行《配电带电作业工作票》。 步骤1：旁路作业人员在电杆的合适位置（离地）安装好旁路负荷开关和余缆工具，旁路负荷开关置于"分"闸、闭锁位置，使用接地线将旁路负荷外壳接地。 步骤2：旁路作业人员按照"黄、绿、红"的顺序，沿作业路径分段将三相旁路电缆展放在防潮布上（包括保护盒、过街护板和跨越支架等，根据实际情况选用）。	

续表

序号	作业内容	步骤及要求	备注
1	旁路电缆回路接入	步骤3：旁路作业人员使用快速插拔中间接头，将同相色（黄、绿、红）旁路电缆的快速插拔终端可靠连接，接续好的终端接头放置专用铠装接头保护盒内。 步骤4：旁路作业人员将三相旁路电缆快速插拔接头与旁路负荷开关的同相位快速插拔接口A（黄）、B（绿）、C（红）可靠连接。 步骤5：旁路作业人员将三相旁路引下电缆快速插拔接头与旁路负荷开关同相位快速插拔接口A（黄）、B（绿）、C（红）可靠连接，与架空导线连接的引流线夹用绝缘毯遮蔽好，并系上长度适宜的起吊绳（防坠绳）。 步骤6：运行操作人员使用绝缘操作杆"合上"电源侧旁路负荷开关+闭锁、负荷侧旁路负荷开关+闭锁，检测旁路电缆回路绝缘电阻不小于500MΩ，使用放电棒充分放电后，断开负荷侧旁路负荷开关+闭锁、电源侧旁路负荷开关+闭锁。 步骤7：带电作业人员穿戴好绝缘防护用具进入绝缘斗、挂好安全带保险钩，地面电工将绝缘遮蔽用具和可携带的工具入斗，操作绝缘斗进入带电作业区域，作业中禁止摘下绝缘手套，绝缘臂伸出长度确保1m线。 步骤8：带电作业人员按照"近边相、中间相、远边相"的顺序，使用导线遮蔽罩完成三相导线的绝缘遮蔽工作。 步骤9：带电作业人员按照"远边相、中间相、近边相"的顺序，完成三相旁路引下电缆与同相位的架空导线A（黄）、B（绿）、C（红）的"接入"工作，接入后使用绝缘毯对引流线夹处进行绝缘遮蔽，挂好防坠绳（起吊绳）。多余的电缆规范地放置在余缆支架上。 步骤10：带电作业人员获得工作负责人许可后，操作绝缘斗退出带电作业区域，返回地面	
2	旁路电缆回路投入运行，架空线路检修段退出运行	执行《配电倒闸操作票》《配电带电作业工作票》。 步骤1：运行操作人员使用绝缘操作杆合上（电源侧）旁路负荷开关+闭锁，在（负荷侧）旁路负荷开关处完成核相工作；确认相位无误、相序无误后，断开（电源侧）旁路负荷开关+闭锁，核相工作结束。 步骤2：运行操作人员使用绝缘操作杆合上电源侧旁路负荷开关+闭锁、负荷侧旁路负荷开关+闭锁，旁路电缆回路投入运行，检测旁路电缆回路电流确认运行正常。依据G/BT 34577—2017《配电线路旁路作业技术导则》附录C的规定：一般情况下，旁路电缆分流约占总电流的1/4～3/4。 步骤3：带电作业人员调整绝缘斗分别至近边相导线断联点（或称为桥接点）处拆除导线遮蔽罩，将硬质绝缘紧线器和绝缘保护绳安装在断联点两侧的导线上，适度收紧导线使其弯曲，操作绝缘紧线器将导线收紧至便于开断状态。 步骤4：带电作业人员检查确认硬质绝缘紧线器承力无误后，用断线剪断开导线并使断头导线向上弯曲，完成后使用导线端头遮蔽罩和绝缘毯进行遮蔽。 步骤5：带电作业人员按照相同的方法开断其他两相导线，开断工作完成后，退出带电作业区域，返回地面，"桥接施工法"开断导线工作结束	

序号	作业内容	步骤及要求	备注
3	停电检修架空线路	办理工作任务交接，执行《配电线路第一种工作票》。 步骤1：带电工作负责人在项目总协调人的组织下，与停电工作负责人完成工作任务交接。 步骤2：停电工作负责人带领作业班组执行《配电线路第一种工作票》，按照停电作业方式完成架空线路检修工作。 步骤3：停电工作负责人在项目总协调人的组织下，与带电工作负责人完成工作任务交接	
4	架空线路检修段接入主线路投入运行，旁路电缆回路退出运行	执行《配电带电作业工作票》《配电倒闸操作票》。 步骤1：带电作业人员获得工作负责人许可后，穿戴好绝缘防护用具，经工作负责人检查合格后进入绝缘斗、挂好安全带保险钩。 步骤2：带电作业人员调整绝缘斗分别至近边相导线的断联点处，操作硬质绝缘紧线器使主导线处于接续状态，使用导线接续管或专用快速接头、液压压接工具完成断联点两侧主导线的承力接续工作。 步骤3：带电作业人员按照相同的方法接续其他两相导线，接续工作完成后，退出带电作业区域，转移工作位置准备三相旁路引下电缆拆除工作。 步骤4：运行操作人员断开负荷侧旁路负荷开关+闭锁、电源侧旁路负荷开关+闭锁，旁路电缆回路退出运行，架空线路检修段接入主线路投入运行	
5	拆除旁路电缆回路	执行《配电带电作业工作票》。 步骤1：带电作业人员按照"近边相、中间相、远边相"的顺序，拆除三相旁路引下电缆。 步骤2：带电作业人员按照"远边相、中间相、近边相"的顺序，拆除三相导线上的绝缘遮蔽。 步骤3：带电作业人员检查杆上无遗留物，退出带电作业区域，返回地面。 步骤4：旁路作业人员按照"（黄）A、B（绿）、C（红）"的顺序，拆除三相旁路电缆回路，使用放电棒充分放电后收回。 旁路作业检修架空线路工作结束	

2. 不停电更换10kV柱上变压器作业

不停电更换 10kV 柱上变压器作业，以图 5-63 所示的柱上变压器杆（三角排列）为例，其现场作业工作见表 5-89。

图 5-63　柱上变压器杆（三角排列）示意图

表 5-89 现场作业工作

序号	作业内容	步骤及要求	备注
1	旁路电缆回路接入	执行《配电带电作业工作票》。 步骤 1：旁路作业人员在电杆的合适位置（离地）安装好旁路负荷开关和余缆工具，旁路负荷开关置于"分"闸、闭锁位置，使用接地线将旁路负荷开关外壳接地、移动箱变车车体接地和保护接地。 步骤 2：旁路作业人员按照"黄、绿、红"的顺序，分段将三相旁路电缆展放在防潮布上或保护盒内（根据实际情况选用）。 步骤 3：旁路作业人员将三相旁路电缆快速插拔接头与旁路负荷开关的同相位快速插拔接口 A（黄）、 B（绿）、C（红）可靠连接。 步骤 4：旁路作业人员将三相旁路引下电缆与旁路负荷开关同相位快速插拔接口 A（黄）、 B（绿）、C（红）可靠连接，与架空导线连接的引流线夹用绝缘毯遮蔽好，并系上长度适宜的起吊绳（防坠绳）。 步骤 5：运行操作人员使用绝缘操作杆合上旁路负荷开关+闭锁，检测旁路电缆回路绝缘电阻不小于 500MΩ，使用放电棒对三相旁路电缆充分放电后，断开旁路负荷开关+闭锁。 步骤 6：运行操作人员检查确认移动箱变车车体接地和工作接地、低压柜开关处于断开位置、高压柜的进线间隔开关、出线间隔开关以及变压器间隔开关处于断开位置。 步骤 7：旁路作业人员将三相旁路电缆快速插拔接头与移动箱变车的同相位高压输入端快速插拔接口 A（黄）、B（绿）、C（红）可靠连接。 步骤 8：旁路作业人员将三相四线低压旁路电缆专用接头与移动箱变车的同相位低压输入端接口"（黄）A、B（绿）、C（红）、N（黑）"可靠连接。 步骤 9：带电作业人员穿戴好绝缘防护用具进入绝缘斗、挂好安全带保险钩，地面电工将绝缘遮蔽用具和可携带的工具入斗，操作绝缘斗进入带电作业区域，作业中禁止摘下绝缘手套，绝缘臂伸出长度确保 1m 线。 步骤 10：带电作业人员按照"近边相、中间相、远边相"的顺序，使用导线遮蔽罩完成三相导线的绝缘遮蔽工作。 步骤 11：带电作业人员按照"远边相、中间相、近边相"的顺序，完成三相旁路引下电缆与同相位的架空导线 A（黄）、B（绿）、C（红）的"接入"工作，接入后使用绝缘毯对引流线夹处进行绝缘遮蔽，挂好防坠绳（起吊绳），旁路作业人员将多余的电缆规范地放置在余缆支架上。 步骤 12：带电作业人员退出带电作业区域，返回地面。 步骤 13：带电作业人员使用低压旁路电缆专用接头与 JP 柜（低压综合配电箱）同相位的接头 A（黄）、B（绿）、C（红）、N（黑）可靠连接	
2	旁路回路电缆投入运行，柱上变压器退出运行	执行《配电倒闸操作票》。 步骤 1：运行操作人员检查确认三相旁路电缆连接"相色"正确无误。	

序号	作业内容	步骤及要求	备注
2	旁路回路电缆投入运行，柱上变压器退出运行	步骤2：运行操作人员断开柱上变压器的低压侧出线开关、高压跌落式熔断器，待更换的柱上变压器退出运行。 步骤3：运行操作人员合上旁路负荷开关，旁路电缆回路投入运行。 步骤4：运行操作人员合上移动箱变车的高压进线间隔开关、变压器间隔开关、低压开关，移动箱变车投入运行。 步骤5：运行操作人员每隔半小时检测 1 次旁路电缆回路电流，确认移动箱变运行正常	
3	停电更换柱上变压器	办理工作任务交接，执行《配电线路第一种工作票》。 步骤1：带电工作负责人在项目总协调人的组织下，与停电工作负责人完成工作任务交接。 步骤2：停电工作负责人带领作业班组执行《配电线路第一种工作票》，按照停电作业方式完成柱上变压器更换工作。 步骤3：停电工作负责人在项目总协调人的组织下，与带电工作负责人完成工作任务交接	
4	柱上变压器投入运行，旁路电缆回路退出运行	执行《配电倒闸操作票》。 步骤1：运行操作人员确认相序连接无误，依次合上柱上变压器的高压跌落式熔断器、低压侧出线开关，新更换的变压器投入运行，检测电流确认运行正常。 步骤2：运行操作人员断开移动箱变车的低压开关、高压开关，移动箱变车退出运行。 步骤3：运行操作人员断开旁路负荷开关，旁路电缆回路退出运行	
5	拆除旁路电缆回路	执行《配电带电作业工作票》。 步骤1：带电作业人员按照"近边相、中间相、远边相"的顺序，拆除三相旁路引下电缆。 步骤2：带电作业人员按照"远边相、中间相、近边相"的顺序，拆除三相导线上的绝缘遮蔽。 步骤3：带电作业人员检查杆上无遗留物，退出带电作业区域，返回地面。 步骤4：旁路作业人员按照"（黄）A、（绿）B、（红）C、（黑）N"的顺序，拆除三相四线低压旁路电缆回路，使用放电棒充分放电后收回。 步骤5：旁路作业人员按照"A（黄）、B（绿）、C（红）"的顺序，拆除三相旁路电缆回路，使用放电棒充分放电后收回。 旁路作业更换 10kV 柱上变压器工作结束	

3. 旁路作业检修10kV电缆线路作业

旁路作业检修 10kV 电缆线路作业，以图 5-64 所示的柱上电缆线路（含两台环网箱）为例，其现场作业工作见表 5-90。

1号环网箱   电缆线路   2号环网箱

图 5-64 柱上电缆线路（含两台环网箱）示意图

表 5-90 现场作业工作

序号	作业内容	步骤及要求	备注
1	旁路电缆回路接入	执行《配电线路第一种工作票》。 步骤 1：旁路作业人员按照"黄、绿、红"的顺序，分段将三相旁路电缆展放在防潮布上或保护盒内（根据实际情况选用），放置旁路负荷开关（备用），置于"分"闸、闭锁位置，使用接地线将旁路负荷开关外壳接地。 步骤 2：旁路作业人员使用快速插拔中间接头，将同相色（黄、绿、红）旁路电缆的快速插拔终端可靠连接，接续好的终端接头置专用铠装接头保护盒内，与取（供）电环网箱备用间隔连接的螺栓式（T 型）终端接头规范地放置在绝缘毯上。 步骤 3：运行操作人员检测旁路电缆回路绝缘电阻不小于 500MΩ，使用放电棒对三相旁路电缆充分放电。 步骤 4：运行操作人员断开取电环网箱的备用间隔开关，合上接地开关，打开柜门，使用验电器验电确认间隔三相输入端螺栓接头无电后，将螺栓式（T 形）终端接头与取电环网箱备用间隔上的同相位高压输入端螺栓接口 A（黄）、B（绿）、C（红）可靠连接，三相旁路电缆屏蔽层接地，合上柜门，断开接地开关。 步骤 5：运行操作人员断开供电环网箱的备用间隔开关，合上接地开关，打开柜门，使用验电器验电确认间隔三相输入端螺栓接头无电后，将螺栓式（T 形）终端接头与供电环网箱备用间隔上的同相位高压输入端螺栓接口 A（黄）、B（绿）、C（红）可靠连接，三相旁路电缆屏蔽层接地，合上柜门，断开接地开关	
2	旁路电缆回路核相	执行《配电倒闸操作票》。 步骤 1：运行操作人员断开"供电"环网箱备用间隔接地开关、合上"供电"环网箱备用间隔开关，在"取电"环网箱备用间隔面板上的带电指示器（二次核相孔 L1、L2、L3）处"核相"，或合上"取（供）电"环网箱备用间隔开关，在旁路负荷开关（配用）处核相。 步骤 2：运行操作人员确认相位无误后，断开取电环网箱备用间隔开关，核相工作结束	
3	旁路回路电缆投入运行，电缆线路段退出运行	执行《配电倒闸操作票》。 步骤 1：运行操作人员按照"先送电源侧，后送负荷侧"的顺序： （1）断开取电环网箱备用间隔的接地开关、合上取电环网箱备用间隔开关； （2）断开供电环网箱备用间隔的接地开关、合上供电环网箱备用间隔开关，旁路回路投入运行。 步骤 2：运行操作人员检测确认旁路回路通流正常后，按照"先断负荷侧，后断电源侧"的顺序：	

序号	作业内容	步骤及要求	备注
3	旁路回路电缆投入运行，电缆线路段退出运行	（1）断开供电环网箱"进线"间隔开关，合上供电环网箱"进线"间隔接地开关； （2）断开取电环网箱"出线"间隔开关，合上取电电环网箱"进线"间隔开关接地，电缆线路段退出运行，旁路回路"供电"工作开始。 步骤3：运行操作人员每隔半小时检测1次旁路回路电流监视其运行情况，确认旁路回路电缆运行正常	
4	停电检修电缆线路工作	办理工作任务交接，执行《配电线路第一种工作票》。 步骤1：电缆工作负责人在项目总协调人的组织下，与停电工作负责人完成工作任务交接。 步骤2：停电工作负责人带领作业班组执行《配电线路第一种工作票》，按照停电作业方式完成电缆线路检修和接入环网箱工作。 步骤3：停电工作负责人在项目总协调人的组织下，与电缆工作负责人完成工作任务交接	
5	电缆线路投入运行，旁路电缆回路退出运行	执行《配电倒闸操作票》。 步骤1：运行操作人员按照"先送电源侧，后送负荷侧"的顺序： （1）断开取电环网箱"出线"间隔接地开关，合上取电电环网箱"出线"间隔开关； （2）断开供电环网箱"进线"间隔接地开关，合上供电环网箱"进线"间隔开关，电缆线路投入运行。 步骤2：运行操作人员按照"先断负荷侧，后断电源侧"的顺序： （1）断开供电环网箱间隔开关，合上供电环网箱间隔接地开关； （2）断开取电环网箱间隔开关，合上取电电环网箱间隔开关接地，旁路电缆回路退出运行	
6	拆除旁路电缆回路	步骤1：旁路作业人员按照"（黄）A、B（绿）、C（红）"的顺序，拆除三相旁路电缆回路。 步骤2：旁路作业人员使用放电棒对三相旁路电缆回路充分放电后收回。 旁路作业检修电缆线路工作结束	

4. 旁路作业检修10kV环网箱作业

旁路作业检修 10kV 环网箱作业，以图 5-65 所示的柱上电缆线路（含四台环网箱）为例，其现场作业工作见表 5-91。

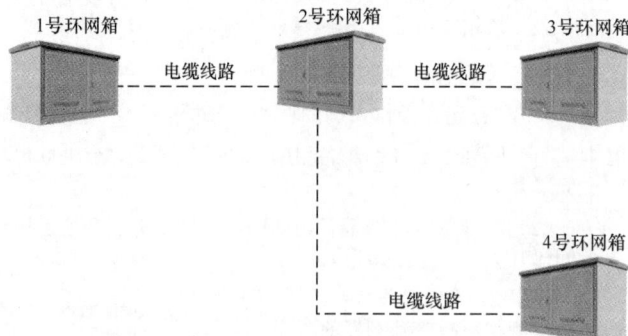

图 5-65　柱上电缆线路（含四台环网箱）示意图

表 5-91		现场作业工作	
序号	作业内容	步骤及要求	备注
1	旁路电缆回路接入	执行《配电线路第一种工作票》。 步骤 1：旁路作业人员按照"黄、绿、红"的顺序，分段将三相旁路电缆展放在防潮布上或保护盒内（根据实际情况选用），放置 1 号和 2 号旁路负荷开关（备用），分别置于"分"闸、闭锁位置，使用接地线将旁路负荷开关外壳接地。 步骤 2：旁路作业人员将同相色（黄、绿、红）旁路电缆的快速插拔终端可靠连接，以及与 1 号和 2 号旁路负荷开关的同相位快速插拔接口 A（黄）、B（绿）、C（红）连接，接续好的终端接头放置在专用铠装接头保护盒内，与取（供）电环网箱备用间隔连接的螺栓式（T 型）终端接头规范地放置在绝缘毯上。 步骤 3：运行操作人员使用绝缘操作杆合上 1 号和 2 号旁路负荷开关，检测旁路电缆回路绝缘电阻不小于 500MΩ，使用放电棒充分放电后，将旁路负荷开关置于"分"闸、闭锁位置。 步骤 4：运行操作人员断开 1 号取电环网箱的备用间隔开关、合上接地开关，打开柜门，使用验电器验电确认无电后，将螺栓式（T型）终端接头与 1 号取电环网箱备用间隔上的同相位高压输入端螺栓接头 A（黄）、B（绿）、C（红）可靠连接，三相旁路电缆屏蔽层可靠接地，合上柜门，断开接地开关。 步骤 5：运行操作人员断开 3 号供电环网箱的备用间隔开关、合上接地开关，打开柜门，使用验电器验电确认无电后，将螺栓式（T型）终端接头与 3 号供电环网箱备用间隔上的同相位高压输入端螺栓接头 A（黄）、B（绿）、C（红）可靠连接，三相旁路电缆屏蔽层可靠接地，合上柜门，断开接地开关。 步骤 6：运行操作人员断开 4 号供电环网箱的备用间隔开关、合上接地开关，打开柜门，使用验电器验电确认无电后，将螺栓式（T型）终端接头与 4 号供电环网箱备用间隔上的同相位高压输入端螺栓接头 A（黄）、B（绿）、C（红）可靠连接，三相旁路电缆屏蔽层可靠接地，合上柜门，断开接地开关	
2	旁路电缆回路"核相"	方法 1：执行《配电倒闸操作票》，旁路负荷开关"核相装置"处核相。 步骤 1：运行操作人员检查确认 1 号和 2 号旁路负荷开关处于"分闸"、闭锁位置。 步骤 2：运行操作人员断开 1 号取电环网箱备用间隔接地开关，合上 1 号取电环网箱备用间隔开关。 步骤 3：运行操作人员断开 3 号供电环网箱备用间隔接地开关，合上 3 号供电环网箱备用间隔开关。 步骤 4：运行操作人员在 1 号旁路负荷开关两侧进行核相，完成 1 号和 3 号环网箱之间的旁路电缆回路"核相"工作。 步骤 5：运行操作人员断开 3 号供电环网箱备用间隔开关，合上 3 号供电环网箱备用间隔接地开关。 步骤 6：运行操作人员断开 4 号供电环网箱备用间隔接地开关，合上 4 号供电环网箱备用间隔开关。 步骤 7：运行操作人员在 2 号旁路负荷开关两侧进行核相，完成 1 号和 4 号环网箱之间的旁路电缆回路"核相"工作。	

序号	作业内容	步骤及要求	备注
2	旁路电缆回路"核相"	步骤8：运行操作人员确认相位正确无误： （1）使用绝缘操作杆断开2号旁路负荷开关+闭锁； （2）断开4号供电环网箱备用间隔开关，合上4号供电环网箱备用间隔接地开关； （3）断开1号取电环网箱备用间隔开关，合上1号取电环网箱备用间隔接地开关，旁路负荷开关"核相装置"处核相工作结束。 方法2：执行《配电倒闸操作票》，环网箱备用间隔"二次核相孔"处核相。 步骤1：运行操作人员使用绝缘操作杆合上1号旁路负荷开关+闭锁。 步骤2：运行操作人员断开3号供电环网箱备用间隔接地开关，合上3号供电环网箱备用间隔开关。 步骤3：运行操作人员使用万用表在1号环网箱备用间隔面板上的带电指示器（二次核相孔L1、L2、L3）处"核相"，完成1号和3号环网箱之间的旁路电缆回路"核相"工作。 步骤4：运行操作人员使用绝缘操作杆断开1号旁路负荷开关+闭锁，合上2号旁路负荷开关+闭锁。 步骤5：运行操作人员断开3号供电环网箱备用间隔开关，合上3号供电环网箱备用间隔接地开关。 步骤6：运行操作人员断开4号供电环网箱备用间隔接地开关，合上4号供电环网箱备用间隔开关。 步骤7：运行操作人员使用万用表在1号取电环网箱备用间隔面板上的带电指示器（二次核相孔L1、L2、L3）处"核相"，完成1号和4号环网箱之间的旁路电缆回路"核相"工作。 步骤8：运行操作人员确认相位正确无误： （1）使用绝缘操作杆断开1号和2号旁路负荷开关+闭锁； （2）断开4号供电环网箱备用间隔开关，合上4号供电环网箱备用间隔接地开关，环网箱备用间隔"二次核相孔"核相工作结束	
3	旁路电缆回路投入运行，检修环网箱退出运行	执行《配电倒闸操作票》。 步骤1：运行操作人员按照"先送电源侧，后送负荷侧"的顺序： （1）断开1号取电环网箱备用间隔接地开关，合上1号取电环网箱备用间隔开关。 （2）使用绝缘操作杆合上1号旁路负荷开关+闭锁； （3）断开3号供电环网箱备用间隔接地开关，合上3号供电环网箱备用间隔开关，1号环网箱与3号环网箱间的"旁路电缆回路"投入运行； （4）使用绝缘操作杆合上2号旁路负荷开关+闭锁； （5）断开4号供电环网箱备用间隔接地开关，合上4号供电环网箱备用间隔开关，1号环网箱与4号环网箱间的"旁路电缆回路"投入运行。 步骤2：运行操作人员检测确认旁路电缆回路通流正常后，按照"先断负荷侧，后断电源侧"的顺序进行倒闸操作：	

续表

序号	作业内容	步骤及要求	备注
3	旁路电缆回路投入运行，检修环网箱退出运行	（1）断开 3 号供电环网箱"进线"间隔开关，合上 3 号供电环网箱"进线"间隔接地开关； （2）断开 4 号供电环网箱"进线"间隔开关，合上 4 号供电环网箱"进线"间隔接地开关； （3）断开 2 号环网箱上至 3 号供电环网箱的"进线"间隔开关，合上 2 号环网箱上至 3 号供电环网箱的"进线"间隔接地开关； （4）断开 2 号环网箱上至 4 号供电环网箱的"进线"间隔开关，合上 2 号环网箱上至 4 号供电环网箱的"进线"间隔接地开关； （5）断开 2 号环网箱上至 1 号供电环网箱的"进线"间隔开关，合上 2 号环网箱上至 1 号供电环网箱的"进线"间隔接地开关； （6）断开 1 号环网箱上至 2 号供电环网箱的"进线"间隔开关，合上 1 号环网箱上至 2 号供电环网箱的"进线"间隔接地开关，检修环网箱退出运行。 步骤 3：运行操作人员每隔半小时检测 1 次旁路回路电流，确认旁路供电回路运行正常	
4	停电检修环网箱工作	办理工作任务交接，执行《配电线路第一种工作票》。 步骤 1：电缆工作负责人在项目总协调人的组织下，与停电工作负责人完成工作任务交接。 步骤 2：停电工作负责人带领作业班组执行《配电线路第一种工作票》，按照停电作业方式完成环网箱检修和电缆线路接入环网箱工作。 步骤 3：停电工作负责人在项目总协调人的组织下，与电缆工作负责人完成工作任务交接	
5	环网箱投入运行	执行《配电倒闸操作票》，运行操作人员按照"先送电源侧，后送负荷侧"的顺序进行倒闸操作。 步骤 1：断开 1 号环网箱上至 2 号供电环网箱的"进线"间隔接地开关，合上 1 号环网箱上至 2 号供电环网箱的"进线"间隔开关； 步骤 2：断开 2 号环网箱上至 1 号供电环网箱的"进线"间隔接地开关，合上 2 号环网箱上至 1 号供电环网箱的"进线"间隔开关； 步骤 3：断开 2 号环网箱上至 3 号供电环网箱的"进线"间隔接地开关，合上 2 号环网箱上至 3 号供电环网箱的"进线"间隔开关； 步骤 4：断开 2 号环网箱上至 4 号供电环网箱的"进线"间隔接地开关，合上 2 号环网箱上至 4 号供电环网箱的"进线"间隔开关，检修环网箱投入运行	
6	旁路电缆回路退出运行	执行《配电倒闸操作票》，运行操作人员按照"先断负荷侧，后断电源侧"的顺序进行倒闸操作。 步骤 1：运行操作人员断开 4 号供电环网箱备用间隔开关，合上 4 号供电环网箱备用间隔接地开关。 步骤 2：运行操作人员使用绝缘操作杆断开 2 号旁路负荷开关。 步骤 3：运行操作人员断开 3 号供电环网箱备用间隔开关，合上 3 号供电环网箱备用间隔接地开关。	

续表

序号	作业内容	步骤及要求	备注
6	旁路电缆回路退出运行	步骤4：运行操作人员使用绝缘操作杆断开 2 号旁路负荷开关。 步骤5：运行操作人员断开 1 号供电环网箱备用间隔开关，合上 1 号供电环网箱备用间隔接地开关，旁路电缆回路退出运行，旁路回路供电工作结束	
7	拆除旁路电缆回路	步骤1：旁路作业人员按照"（黄）A、B（绿）、C（红）"的顺序，拆除三相旁路电缆回路。 步骤2：旁路作业人员使用放电棒对三相旁路电缆回路充分放电后收回。 旁路作业检修电缆线路工作结束	

六、作业后的终结工作（见表 5-92）

表 5-92   作业后的终结工作

序号	作业内容	步骤及要求	备注
1	清理现场	步骤1：工作班成员整理工具、材料，清洁后装箱、装袋。 步骤2：工作班成员清理现场：工完、料尽、场地清	
2	召开收工会	步骤1：点评本项工作的完成情况。 步骤2：点评安全措施的落实情况。 步骤3：点评作业指导书的执行情况	
3	工作终结	步骤1：工作负责人向值班调控人员或运维人员报告申请终结工作票，记录许可方式、工作许可人和终结报告时间，并签字确认，宣布本项工作结束。 步骤2：工作负责人组织工作班成员撤离现场，到达班组后将作业资料分类归档	

第七节 取 电 类 项 目

10kV 配网不停电作业"取电类（即临时取电类）"项目常见的有：

（1）从架空线路"临时取电"给移动箱变供电；

（2）从架空线路"临时取电"给环网箱供电；

（3）从环网箱"临时取电"给移动箱变；

（4）从环网箱"临时取电"给环网箱供电等。

一、人员配置

从 10kV 架空线路临时取电给移动箱变供电（综合不停电作业法）工作，如图 5-66 所示，人员配置分别见表 5-93 和表 5-94。

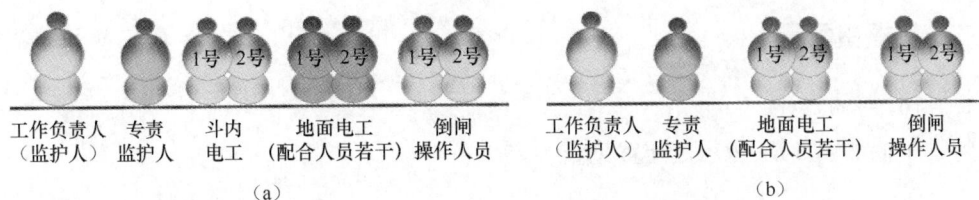

图 5-66 从 10kV 架空线路临时取电给移动箱变供电（综合不停电作业法）工作

（a）从 10kV 架空线路临时取电给移动箱变供电项目；（b）从 10kV 环网箱临时取电给移动箱变供电项目

表 5-93 　从 10kV 架空线路临时取电给移动箱变供电项目人员配置

序号	责任人	人数	分工	备注
1	项目总协调人	1	协调不同班组协同工作	
2	带电工作负责人（监护人）	1	组织、指挥带电作业工作，作业中全程监护和落实作业现场安全措施	
3	专责监护人	1	配合工作负责人履行职责，监护和落实作业现场安全措施	
4	斗内电工	2	斗内 1 号电工：旁路引下电缆接入和拆除等工作；斗内 2 号电工：配合斗内 1 号电工作业	
5	地面电工	2	带电作业地面工作和旁路作业地面工作，包括：旁路引下电缆和旁路柔性电缆的展放、连接、检测、接入、拆除、回收等工作	
6	倒闸操作人员	2	倒闸操作工作，包括：旁路电缆回路核相、投入运行、退出运行等工作，一人监护、一人操作	
7	地面配合人员和停电作业人员	若干	地面辅助配合工作和停电从架空线路临时取电给移动箱变供电工作	

表 5-94 　从 10kV 环网箱临时取电给移动箱变供电项目人员配置

序号	责任人	人数	分工	备注
1	项目总协调人	1	协调不同班组协同工作	
2	电缆工作负责人（监护人）	1	组织、指挥旁路作业工作，作业中全程监护和落实作业现场安全措施	
3	专责监护人	1	配合工作负责人履行职责，监护和落实作业现场安全措施	
4	地面电工	2	旁路作业地面工作，包括：旁路电缆的展放、连接、检测、接入、拆除、回收等工作	
5	倒闸操作人员	2	倒闸操作工作，包括：旁路电缆回路核相、投入运行、退出运行等工作，一人监护、一人操作	
6	地面配合人员和停电作业人员	若干	负责地面辅助配合工作和停电检修电缆线路工作	

二、工器具配置

1. 特种车辆

特种车辆如图 5-67 所示，配置见表 5-95。

图 5-67　特种车辆

（a）绝缘斗臂车；（b）移动库房车；（c）移动箱变车 1；（d）移动箱变车 2

表 5-95　　　　　　　　　　　特种车辆配置

序号	名称	规格、型号	单位	数量	备注
1	绝缘斗臂车	10kV	辆	1	
2	移动库房车		辆	1	
3	移动箱变车	10kV/0.4kV	辆	1	配套高（低）压电缆

2. 个人防护用具

个人防护用具如图 5-68 所示，个人防护用具配置见表 5-96。

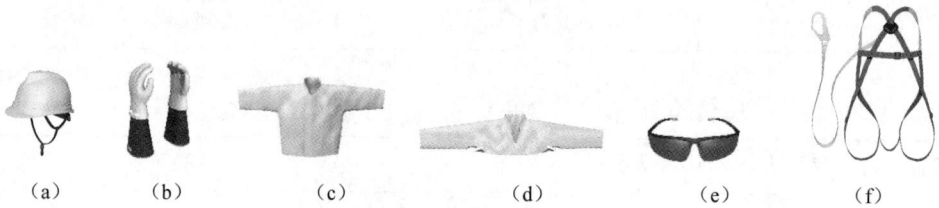

图 5-68　个人防护用具

（a）绝缘安全帽；（b）绝缘手套+羊皮或仿羊皮保护手套；（c）绝缘服；（d）绝缘披肩；（e）护目镜；（f）安全带

表 5-96　　　　　　　　　　　个人防护用具配置

序号	名称	规格、型号	单位	数量	备注
1	绝缘安全帽	10kV	顶	2	
2	绝缘手套	10kV	双	4	带防刺穿保护手套
3	绝缘披肩（绝缘服）	10kV	件	2	根据现场情况选择
4	护目镜		副	2	
5	安全带		副	2	有后背保护绳

3. 绝缘遮蔽用具

绝缘遮蔽用具如图 5-69 所示，配置见表 5-97。

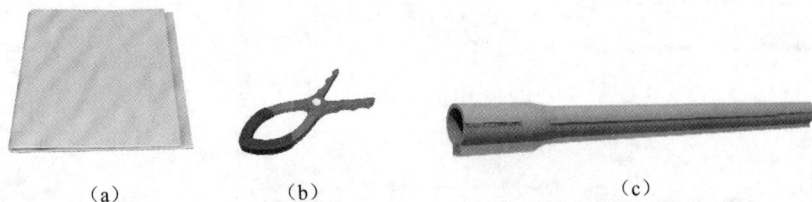

（a）　　　　　　（b）　　　　　　　　　（c）

图 5-69　绝缘遮蔽用具（根据实际工况选择）

（a）绝缘毯；（b）绝缘毯夹；（c）导线遮蔽罩

表 5-97　　　　　　　　　　　绝缘遮蔽用具配置

序号	名称	规格、型号	单位	数量	备注
1	导线遮蔽罩	10kV	根	6	不少于配备数量
2	绝缘毯	10kV	块	6	不少于配备数量
3	绝缘毯夹		个	12	不少于配备数量

4. 绝缘工具和金属工具

绝缘工具和金属工具如图 5-70 所示，配置见表 5-98。

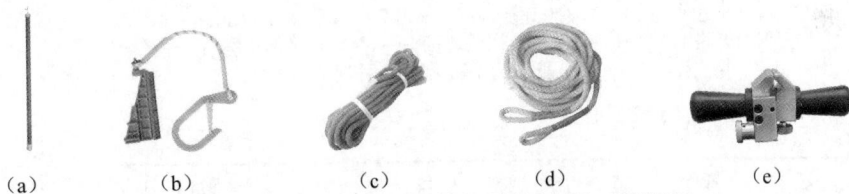

（a）　　　　（b）　　　　　（c）　　　　　（d）　　　　　（e）

图 5-70　绝缘工具和金属工具（根据实际工况选择）

（a）绝缘操作杆；（b）绝缘防坠保护绳；（c）绝缘传递绳 1（防潮型）；
（d）绝缘传递绳 2（普通型）；（e）绝缘导线剥皮器（金属工具）

表 5-98　　　　　　　　　　　绝缘工具和金属工具配置

序号	名称		规格、型号	单位	数量	备注
1	绝缘工具	绝缘操作杆	10kV	个	2	拉合开关用
2		绝缘防坠绳	10kV	个	3	临时固定引下电缆用
3		绝缘传递绳	10kV	个	1	起吊引下电缆（备）用
4	金属工具	绝缘导线剥皮器		个	1	

5. 旁路设备

旁路设备如图 5-71、图 5-72 所示，配置见表 5-99。

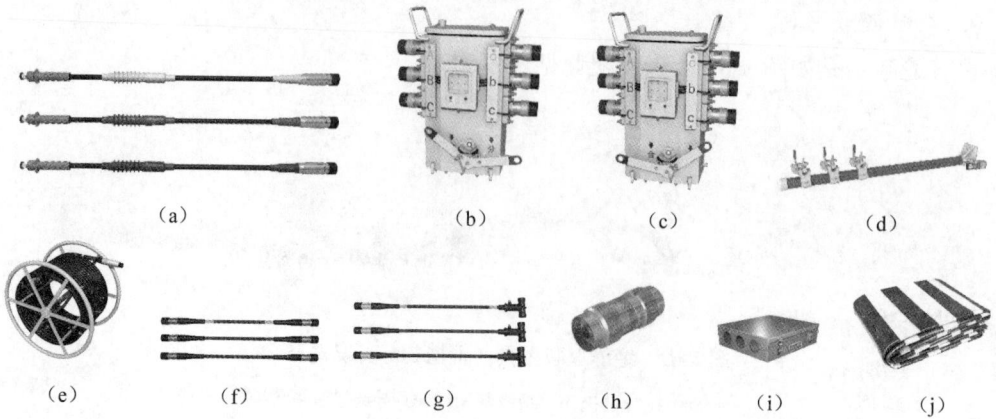

图 5-71　10kV 旁路设备（根据实际工况选择）

（a）旁路引下电缆；（b）旁路负荷开关分闸位置；（c）旁路负荷开关合闸位置；（d）余缆支架；
（e）高压旁路柔性电缆盘；（f）高压旁路柔性电缆；（g）T 型接头旁路辅助电缆；（h）快速插拔直通接头；
（i）直通接头保护架；（j）彩条防雨布

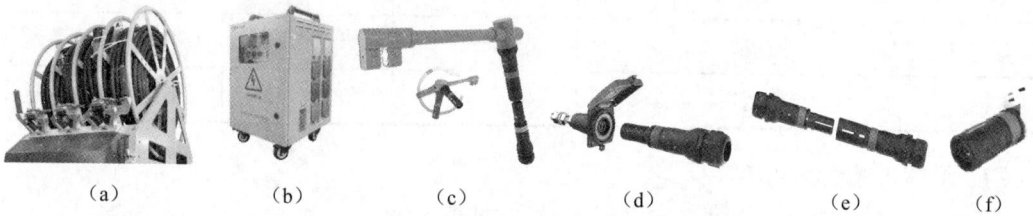

图 5-72　0.4kV 旁路设备（根据实际工况选择）

（a）低压旁路柔性电缆；（b）400V 快速连接箱；（c）变台 JP 柜低压输出端母排用专用快速接头；
（d）低压旁路电缆快速接入箱用专用快速接头；（e）低压旁路电缆用专用快速接头；
（f）低压输出端母排专用快速接头

表 5-99　　　　　　　　　　　　　　　　旁路设备配置

序号	名称	规格、型号	单位	数量	备注
1	旁路引下电缆	10kV，200A	组	1	黄绿红 3 根 1 组,15m
2	旁路负荷开关	10kV，200A	台	1	带核相装置/安装抱箍
3	余缆支架		根	2	含电杆安装带
4	旁路柔性电缆	10 kV，200A	组	若干	黄绿红 3 根 1 组,50m
5	快速插拔直通接头	10 kV，200A	个	若干	带接头保护盒
6	低压旁路柔性电缆	0.4kV	组	1	黄绿红黑 4 根 1 组
7	配套专用接头		组	1	低压旁路柔性电缆用
8	400V 快速连接箱	0.4kV	台	1	备用
9	电缆保护盒或彩条防雨布		m	若干	根据现场情况选用

6. 仪器仪表

仪器仪表如图 5-73 所示，配置见表 5-100。

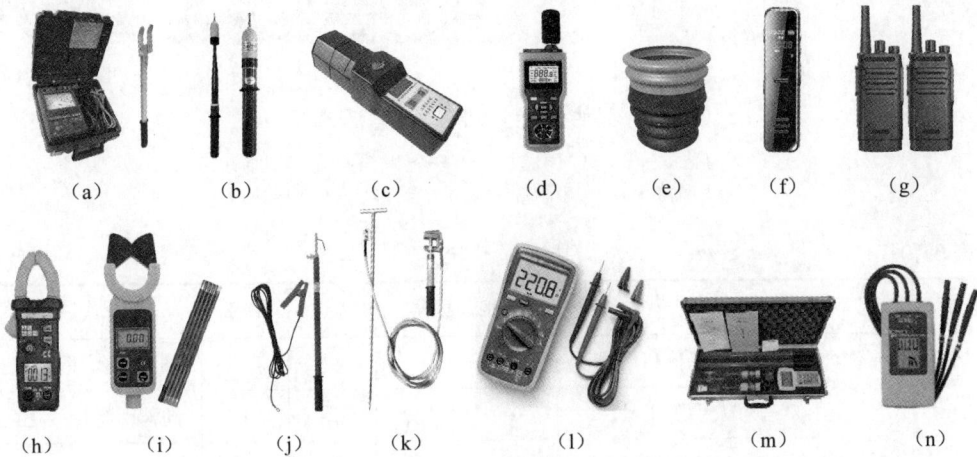

图 5-73 仪器仪表（根据实际工况选择）

（a）绝缘电阻测试仪+电极板；（b）高压验电器；（c）工频高压发生器；（d）风速湿度仪；（e）绝缘手套充压气检测器；
（f）录音笔；（g）对讲机；（h）钳形电流表1（手持式）；（i）钳形电流表2（绝缘杆式）；（j）放电棒；（k）接地棒；
（l）万用表；（m）便携式核相仪；（n）相序表

表 5-100　　　　　　　　　　　　　　　仪器仪表配置

序号	名称	规格、型号	单位	数量	备注
1	绝缘电阻测试仪	2500V 及以上	套	1	含电极板
2	钳形电流表	高压	个	1	推荐绝缘杆式
3	高压验电器	10kV	个	1	
4	工频高压发生器	10kV	个	1	
5	风速湿度仪		个	1	
6	绝缘手套充压气检测器		个	1	
7	核相工具		套	1	根据现场设备选配
8	录音笔				记录作业对话用
9	对讲机	户外无线手持	台	3	杆上杆下监护指挥用
10	放电棒		个	1	带接地线
11	接地棒和接地线		个	2	包括旁路负荷开关用

7. 其他和材料

其他和材料如图 5-74 所示，配置见表 5-101。

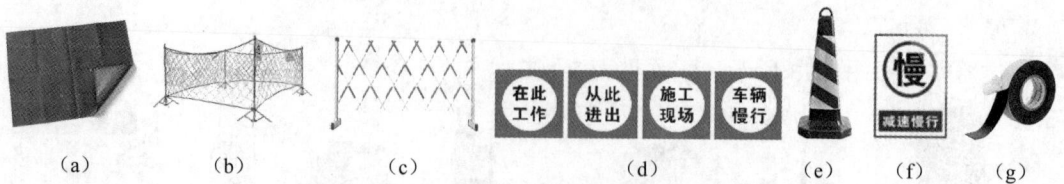

图 5-74　其他和材料（根据实际工况选择）

(a) 防潮苫布；(b) 安全围栏 1；(c) 安全围栏 1；(d) 警告标志；
(e) 路障；(f) 减速慢行标志；(g) 绝缘自粘带（材料）

表 5-101　　　　　　　　　　　其他和材料配置

序号		名称	规格、型号	单位	数量	备注
1	其他	防潮苫布		块	若干	根据现场情况选择
2		个人手工工具		套	1	推荐用绝缘手工工具
3		安全围栏		组	1	
4		警告标志		套	1	
5		路障和减速慢行标志		组	1	
6	材料	绝缘自粘带		卷	若干	恢复绝缘用
7		清洁纸和硅脂膏		个	若干	清洁和涂抹接头用

三、风险管控

对于多专业人员协同工作：带电作业人员负责从架空线路"取电"工作，执行《配电带电作业工作票》；旁路作业人员负责在"可控"的无电状态下完成给移动箱变和低压用户"送电"的旁路回路"接入"工作，执行《配电第一种工作票》或共用《配电带电作业工作票》；运行操作人员负责"倒闸操作"工作，执行《配电倒闸操作票》。

1. 带电作业协同工作

（1）带电工作负责人（或专责监护人）在工作现场必须履行工作职责和行使监护职责。

（2）进入绝缘斗内的作业人员必须穿戴个人绝缘防护用具（绝缘手套、绝缘服或绝缘披肩等），做好人身安全防护工作。使用的安全带应有良好的绝缘性能，起臂前安全带保险钩必须系挂在斗内专用挂钩上。

（3）个人绝缘防护用具使用前必须进行外观检查，绝缘手套使用前必须进行充（压）气检测，确认合格后方可使用。带电作业过程中，禁止摘下绝缘防护用具。

（4）绝缘斗臂车使用前应可靠接地。作业中，绝缘斗臂车绝缘臂伸出的有效绝缘长度不小于 1.0m。

（5）斗内电工按照"先外侧（近边相和远边相）、后内侧（中间相）"的顺序，依次对作业位置处带电体（导线）设置绝缘遮蔽（隔离）措施时，缘遮蔽（隔离）的范围应比作业人员活动范围增加 0.4m 以上，绝缘遮蔽用具之间的重叠部分不得小于 150mm。绝缘斗内双人作业时，禁止在不同相或不同电位同时作业进行绝缘遮蔽。

（6）斗内电工作业时严禁人体同时接触两个不同的电位体，在整个的作业过程中，包括设置（拆除）绝缘遮蔽（隔离）用具的作业中，作业工位的选择应合适，在不影响作业的前提下，人身务必与带电体和接地体保持一定的安全距离，以防斗内电工作业过程中人体串入电路。绝缘斗内双人作业时，禁止同时在不同相或不同电位作业。

（7）带电安装（拆除）安装高压旁路引下电缆前，必须确认（电源侧）旁路负荷开关处于"分"闸状态并可靠闭锁。

（8）带电安装（拆除）安装高压旁路引下电缆时，必须是在作业范围内的带电体（导线）完全绝缘遮蔽的前提下进行，起吊高压旁路引下电缆时应使用小吊臂缓慢进行。

（9）带电接入旁路引下电缆时，必须确保旁路引下电缆的相色标记 "黄、绿、红" 与高压架空线路的相位标记 A（黄）、B（绿）、C（红）保持一致。接入的顺序是"远边相、中间相和近边相"导线，拆除的顺序相反。

（10）高压旁路引下电缆与旁路负荷开关可靠连接后，在与架空导线连接前，合上旁路负荷开关检测旁路回路绝缘电阻应不小于 500MΩ；检测完毕、充分放电后，断开且确认旁路负荷开关处于"分闸"状态并可靠闭锁。

（11）在起吊高压旁路引下电缆前，应事先用绝缘毯将与架空导线连接的引流线夹遮蔽好，并在其合适位置系上长度适宜的起吊绳和防坠绳。

（12）挂接高压旁路引下电缆的引流线夹时应先挂防坠绳、再拆起吊绳；拆除引流线夹时先挂起吊绳，再拆防坠绳；拆除后的引流线夹及时用绝缘毯遮蔽好后再起吊下落。

（13）拉合旁路负荷开关应使用绝缘操作杆进行，旁路回路投入运行后应及时锁死闭锁机构。旁路回路退出运行，断开高压旁路引下电缆后应对旁路回路充分放电。

（14）斗内电工拆除绝缘遮蔽（隔离）用具的作业中，应严格遵守"先内侧（中间相）、后外侧（近边相和远边相）"的拆除原则（与遮蔽顺序相反）。绝缘斗内双人作业时，禁止在不同相或不同电位同时作业拆除绝缘遮蔽（隔离）用具。

（15）对于从 10kV 架空线路临时取电给移动箱变供电作业：

1）带电作业人员接入低压电缆工作，也应严格按照带电作业方式进行。

2）依据 Q/GDW 10799.8—2023《国家电网有限公司电力安全工作规程 第 8 部分：配电部分》（第 11.2.17）规定：带电、停电配合作业的项目，在带电、停电作业工序转换前，双方工作负责人应进行安全技术交接。

2. 旁路作业+倒闸操作协同工作

（1）电缆工作负责人（或专责监护人）在工作现场必须履行工作职责和行使监护职责。

（2）采用旁路作业方式进行从架空线路临时取电给移动箱变供电时，必须确认线路负荷电流小于旁路系统额定电流（200A），旁路作业中使用的旁路负荷开关、移动箱变必须满足最大负荷电流要求（200A），旁路开关外壳应可靠接地，移动箱变车按接地要求可靠接地。

（3）展放旁路柔性电缆时，应在工作负责人的指挥下，由多名作业人员配合使旁路电缆离开地面整体敷设在保护槽盒内，防止旁路电缆与地面摩擦且不得受力，防止电缆出现扭曲和死弯现象。展放、接续后应进行分段绑扎固定。

（4）采用地面敷设旁路柔性电缆时，沿作业路径应设安全围栏和"止步、高压危险！"标示牌，防止旁路电缆受损或行人靠近旁路电缆；在路口应采用过街保护盒或架空敷设，如需跨越道路时应采用架空敷设方式。

（5）连接旁路设备和旁路柔性电缆前，应对旁路回路中的电缆接头、接口的绝缘部分进行清洁，并按规定要求均匀涂抹绝缘硅脂。

（6）采用自锁定快速插拔直通接头分段连接（接续）旁路柔性电缆终端时，应逐相将旁路柔性电缆的"同相色（黄、绿、红）"快速插拔终端可靠连接，带有分支的旁路柔性电缆终端应采用自锁定快速插拔 T 型接头。接续好的终端接头放置专用铠装接头保护盒内。三相旁路柔性电缆接续完毕后应分段绑扎固定。

（7）接续好的旁路柔性电缆终端与旁路负荷开关、移动箱变连接时应采用快速插拔终端接头，连接应核对分相标志，保证相位色的一致：相色"黄、绿、红"与同相位的 A（黄）、B（绿）、C（红）相连。

（8）旁路系统投入运行前必须进行核相，确认相位正确，方可投入运行。对低压用户临时转供的时候，也必须进行核相（相序）。

（9）展放和接续好的旁路系统接入前进行绝缘电阻检测应不小于 500MΩ。绝缘电阻检测完毕后，以及旁路设备拆除前、电缆终端拆除后，均应进行充分放电，用绝缘放电棒放电时，绝缘放电棒（杆）的接地应良好。绝缘放电棒（杆）以及验电器的绝缘有效长度应不小于 0.7m。

（10）操作旁路设备开关、检测绝缘电阻、使用放电棒（杆）进行放电时，操作人员均应戴绝缘手套进行。

（11）旁路系统投入运行后，应每隔半小时检测一次回路的负载电流，监视其运行情况。在旁路柔性电缆运行期间，应派专人看守、巡视。在车辆繁忙地段还应与交通管理部门取得联系，以取得配合。夜间作业应有足够的照明。

（12）组装完毕并投入运行的旁路作业装备可以在雨、雪天气运行（此条建议慎重执行），但应做好安全防护。禁止在雨、雪天气进行旁路作业装备敷设、组装、回收等工作。

（13）旁路作业中需要倒闸操作，必须由运行操作人员严格按照《配电倒闸操作票》进行，操作过程必须由两人进行，一人监护一人操作，并执行唱票制。操作机械传动的断路器（开关）或隔离开关（刀闸）时应戴绝缘手套。没有机械传动的断路器（开关）、隔离开关（刀闸）和跌落式熔断器，应使用合格的绝缘棒进行操作。

四、现场准备工作（见表5-102）

表 5-102　　　　　　　　　　　　　　　　现场准备工作

序号	作业内容	步骤及要求	备注
1	现场复勘	步骤1：工作负责人核对线路、设备名称正确、工作任务无误、安全措施到位，线路负荷电流不大于200A，作业装置和现场环境符合带电作业和旁路作业条件。 步骤2：工作班成员确认天气良好，实测风速＿＿级（不大于5级）、湿度＿＿%（不大于80%），符合作业条件。 步骤3：工作负责人根据复勘结果告知工作班成员：现场具备安全作业条件，可以开展工作	
2	设置安全围栏和警示标志	步骤1：工作负责人指挥驾驶员将绝缘斗臂车停放到合适位置，支腿支放到垫板上，轮胎着地，支撑牢固后将车体可靠接地。 步骤2：工作负责人指挥驾驶员将移动箱变车停放到合适位置，将车体接地和保护接地。 步骤3：工作班成员依据作业空间设置硬质安全围栏，包括围栏的出入口。 步骤4：工作班成员设置"从此进出、施工现场、车辆慢行或车辆绕行"等警示标志或路障。 步骤5：根据现场实际工况，增设临时交通疏导人员，应穿戴反光衣	
3	工作许可，召开站班会	步骤1：工作负责人向值班调控人员或运维人员申请工作许可和停用重合闸许可，记录许可方式、工作许可人和许可工作（联系）时间，并签字确认。 步骤2：工作负责人召开站班会宣读工作票。 步骤3：工作负责人确认工作班成员对工作任务、危险点预控措施和任务分工都已知晓，履行工作票签字、确认手续，记录工作开始时间	
4	摆放和检查工器具	步骤1：工作班成员将工器具分区摆放在防潮帆布上。 步骤2：工作班成员按照分工擦拭并外观检查工器具完好无损，绝缘工具绝缘电阻值检测不低于700MΩ，绝缘手套充（压）气检测不漏气，安全带冲击试验检测确认安全。 步骤3：斗内电工对绝缘斗臂车的绝缘斗和绝缘臂外观检查完好无损，空斗试操作（包括升降、伸缩、回转等），确认绝缘斗臂车工作正常。 步骤4：检查旁路作业设备完好无损，对旁路系统进行绝缘电阻测量（包括相间、相对地及断口间绝缘电阻），其绝缘电阻均应不小于500MΩ，以及旁路系统导通检测，试验检测后应及时放电	

1. 从10kV架空线路临时取电给移动箱变供电作业

从10kV架空线路临时取电给移动箱变供电作业，以图5-75所示的架空线路（三角排列）为例，其现场作业工作见表5-103。

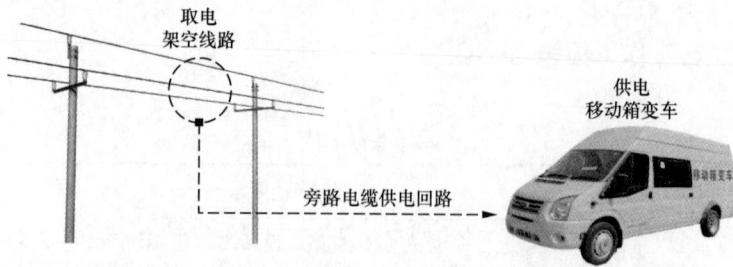

图 5-75　架空线路（三角排列）取电给移动箱变供电示意图

表 5-103　　　　　　　　　　　　　　现场作业工作

序号	作业内容	步骤及要求	备注
1	旁路电缆回路接入	执行《配电带电作业工作票》。 步骤 1：旁路作业人员在电杆的合适位置（离地）安装好旁路负荷开关和余缆工具，将旁路负荷开关置于"分"闸、闭锁位置，使用接地线将旁路负荷开关外壳接地。 步骤 2：旁路作业人员按照"黄、绿、红"的顺序，分段将三相旁路电缆展放在防潮布上或保护盒内（根据实际情况选用）。 步骤 3：旁路作业人员将三相旁路电缆快速插拔接头与旁路负荷开关的同相位快速插拔接口 A（黄）、B（绿）、C（红）可靠连接。 步骤 4：旁路作业人员将三相旁路引下电缆与旁路负荷开关同相位快速插拔接口 A（黄）、B（绿）、C（红）可靠连接，与架空导线连接的引流线夹用绝缘毯遮蔽好，并系上长度适宜的起吊绳（防坠绳）。 步骤 5：运行操作人员使用绝缘操作杆合上旁路负荷开关+闭锁，检测旁路电缆回路绝缘电阻不小于 500MΩ，使用放电棒对三相旁路电缆充分放电后，断开旁路负荷开关+闭锁。 步骤 6：运行操作人员检查确认移动箱变车体接地和工作接地、低压柜开关处于断开位置、高压柜的进线间隔开关、出线间隔开关以及变压器间隔开关处于断开位置。 步骤 7：旁路作业人员将三相旁路电缆快速插拔接头与移动箱变车的同相位快速插拔接口 A（黄）、B（绿）、C（红）可靠连接。 步骤 8：旁路作业人员将三相四线低压旁路电缆专用接头与移动箱变车的同相位低压输入端接口（黄）A、B（绿）、C（红）、N（黑）可靠连接。 步骤 9：带电作业人员穿戴好绝缘防护用具进入绝缘斗、挂好安全带保险钩，地面电工将绝缘遮蔽用具和可携带的工具入斗，操作绝缘斗进入带电作业区域，作业中禁止摘下绝缘手套，绝缘臂伸出长度确保 1m 线。 步骤 10：带电作业人员按照"近边相、中间相、远边相"的顺序，使用导线遮蔽罩完成三相导线的绝缘遮蔽工作。 步骤 11：带电作业人员按照"远边相、中间相、近边相"的顺序，完成三相旁路引下电缆与同相位的架空导线 A（黄）、B（绿）、C（红）的"接入"工作，接入后使用绝缘毯对引流线夹处进行绝缘遮蔽，挂好防坠绳（起吊绳），旁路作业人员将多余的电缆规范地放置在余缆支架上。	

续表

序号	作业内容	步骤及要求	备注
1	旁路电缆回路接入	步骤12：带电作业人员退出带电作业区域，返回地面。 步骤13：旁路人员使用低压旁路电缆专用接头与 JP 柜（低压综合配电箱）同相位的 A（黄）、B（绿）、C（红）、N（黑）接头可靠连接	
2	旁路电缆回路投入运行，移动箱变投入运行	运行操作人员执行《配电倒闸操作票》。 步骤1：运行操作人员检查确认三相旁路电缆连接"相色"正确无误。 步骤2：运行操作人员断开柱上变压器的低压侧出线开关、高压跌落式熔断器，待更换的柱上变压器退出运行。 步骤3：运行操作人员合上旁路负荷开关+闭锁，旁路电缆回路投入运行。 步骤4：行操作人员合上移动箱变车的高压进线间隔开关、变压器间隔开关、低压开关，移动箱变投入运行。 步骤5：运行操作人员每隔半小时检测 1 次旁路电缆回路电流，确认移动箱变运行正常	
3	移动箱变退出运行，旁路电缆回路退出运行	执行《配电倒闸操作票》。 步骤1：运行操作人员断开移动箱变车的低压开关、变压器间隔开关、高压间隔开关，移动箱变退出运行。 步骤2：运行操作人员断开旁路负荷开关+闭锁，旁路电缆回路退出运行	
4	拆除旁路电缆回路	步骤1：带电作业人员按照"近边相、中间相、远边相"的顺序，拆除三相旁路引下电缆。 步骤2：带电作业人员按照"远边相、中间相、近边相"的顺序，拆除三相导线上的绝缘遮蔽。 步骤3：带电作业人员检查杆上无遗留物，退出带电作业区域，返回地面。 步骤4：旁路作业人员按照"（黄）A、B（绿）、C（红）、N（黑）"的顺序，拆除三相四线低压旁路电缆回路，使用放电棒充分放电后收回。 步骤5：旁路作业人员按照"（黄）A、B（绿）、C（红）"的顺序，拆除三相旁路电缆回路，使用放电棒三相旁路电缆回路充分放电后收回。 从架空线路临时取电给移动箱变供电工作结束	

2. 从10kV环网箱临时取电给移动箱变供电作业

从 10kV 环网箱临时取电给移动箱变供电作业，以图 5-76 所示的环网箱为例，其现场作业工作见表 5-104。

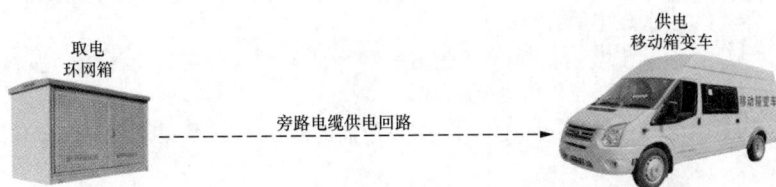

图 5-76　从环网箱取电给移动箱变供电示意图

表 5-104 现场作业工作

序号	作业内容	步骤及要求	备注
1	旁路电缆回路接入	执行《配电线路第一种工作票》。 步骤 1：旁路作业人员按照"黄、绿、红"的顺序，分段将三相旁路电缆展放在防潮布上或保护盒内（根据实际情况选用）。 步骤 2：旁路作业人员使用快速插拔中间接头，将同相色（黄、绿、红）旁路电缆的快速插拔终端可靠连接，接续好的终端接头放置专用铠装接头保护盒内，与取电环网箱备用间隔连接的螺栓式（T 型）终端接头和与移动箱变车连接的插拔终端规范地放置在绝缘毯上。 步骤 3：运行操作人员检测旁路电缆回路绝缘电阻不小于 500MΩ，使用放电棒对三相旁路电缆充分放电。 步骤 4：运行操作人员检查确认移动箱变车车体接地和工作接地、低压柜开关处于断开位置、高压柜的进线间隔开关、出线间隔开关以及变压器间隔开关处于断开位置。 步骤 5：旁路作业人员将三相旁路电缆快速插拔接头与移动箱变车的同相位高压输入端快速插拔接口 A（黄）、B（绿）、C（红）可靠连接。 步骤 6：旁路作业人员将三相四线低压旁路电缆专用接头与移动箱变车的同相位低压输入端接头"（黄）A、B（绿）、C（红）、N（黑）"可靠连接。 步骤 7：运行操作人员断开取电环网箱的备用间隔开关、合上接地开关，打开柜门，使用验电器验电确认无电后，将螺栓式（T 型）终端接头与取电环网箱备用间隔上的同相位高压输入端螺栓接头 A（黄）、B（绿）、C（红）可靠连接，三相旁路电缆屏蔽层可靠接地，合上柜门，断开接地开关	
2	旁路电缆回路投入运行，移动箱变投入运行	执行《配电倒闸操作票》。 步骤 1：运行操作人员断开取电环网箱备用间隔接地开关，合上取电环网箱备用间隔开关，旁路电缆回路投入运行。 步骤 2：行操作人员合上移动箱变车的高压进线间隔开关、变压器间隔开关、低压开关，移动箱变车投入运行。 步骤 3：运行操作人员每隔半小时检测 1 次旁路回路电流，确认移动箱变运行正常	
3	移动箱变退出运行，旁路电缆回路退出运行	执行《配电倒闸操作票》。 步骤 1：运行操作人员断开移动箱变车的低压开关、变压器间隔开关、高压间隔开关，移动箱变车退出运行。 步骤 2：运行操作人员断开取电环网箱备用间隔开关、合上取电环网箱备用间隔接地开关，旁路电缆回路退出运行，移动箱变供电工作结束	
4	拆除旁路电缆回路	步骤 1：旁路作业人员按照"（黄）A、B（绿）、C（红）、N（黑）"的顺序，拆除三相四线低压旁路电缆回路。 步骤 2：旁路作业人员使用放电棒对三相四线低压旁路电缆回路充分放电后收回。 步骤 3：旁路作业人员按照"（黄）A、B（绿）、C（红）"的顺序，拆除三相旁路电缆回路。 步骤 4：旁路作业人员使用放电棒对三相旁路电缆回路充分放电后收回。 从环网箱临时取电给移动箱变供电工作结束	

五、作业后的终结工作（见表 5-105）

表 5-105　　　　　　　　　　　作业后的终结工作

序号	作业内容	步骤及要求	备注
1	清理现场	步骤 1：工作班成员整理工具、材料，清洁后装箱、装袋。 步骤 2：工作班成员清理现场：工完、料尽、场地清	
2	召开收工会	步骤 1：点评本项工作的完成情况。 步骤 2：点评安全措施的落实情况。 步骤 3：点评作业指导书的执行情况	
3	工作终结	步骤 1：工作负责人向值班调控人员或运维人员报告申请终结工作票，记录许可方式、工作许可人和终结报告时间，并签字确认，宣布本项工作结束。 步骤 2：工作负责人组织工作班成员撤离现场，到达班组后将作业资料分类归档	

参 考 文 献

［1］ 河南启功建设有限公司. 配网不停电作业技术发展与四管四控［M］. 北京：中国电力出版社，2024.

［2］ 河南启功建设有限公司. 配网不停电作业技术应用与装备配置［M］. 北京：中国电力出版社，2023.

［3］ 河南宏驰电力技术有限公司. 配网不停电作业项目指导与风险管控［M］. 北京：中国电力出版社，2023.

［4］ 郑州电力高等专科学校（国网河南省电力公司技能培训中心）. 配电网不停电作业技术与应用［M］. 北京：中国电力出版社，2022.

［5］ 陈德俊 胡建勋主编. 图解配网不停电作业［M］. 北京：中国电力出版社，2022.

［6］ 国家电网公司运维检修部. 10kV 配网不停电作业规范［M］. 北京：中国电力出版社，2016.

［7］ 国家电网公司. 国家电网公司配电网工程典型设计 10kV 架空线路分册. 北京：中国电力出版社，2016.

［8］ 国家电网公司. 国家电网公司配电网工程典型设计 10kV 配电变台分册. 北京：中国电力出版社，2016.